描绘农业农村发展新篇章

重庆市农业资源区划应用研究（第六集）

康 雷 主编

中国农业科学技术出版社

图书在版编目（CIP）数据

重庆市农业资源区划应用研究．第六集，描绘农业农村发展新篇章/康雷主编．—北京：中国农业科学技术出版社，2020.4

ISBN 978-7-5116-4629-3

Ⅰ．①重… Ⅱ．①康… Ⅲ．①农业经济发展-研究-重庆 Ⅳ．①F327.719

中国版本图书馆 CIP 数据核字（2020）第 036296 号

责任编辑	崔改泵	
责任校对	李向荣	
出 版 者	中国农业科学技术出版社	
	北京市中关村南大街 12 号　邮编：100081	
电　　话	（010）82109194（编辑室）（010）82109702（发行部）	
	（010）82106629（读者服务部）	
传　　真	（010）82106650	
网　　址	http://www.castp.cn	
经 销 者	各地新华书店	
印 刷 者	北京建宏印刷有限公司	
开　　本	710 mm×1 000 mm　1/16	
印　　张	6.5	
字　　数	88 千字	
版　　次	2020 年 4 月第 1 版　2020 年 4 月第 1 次印刷	
定　　价	50.00 元	

◀━◆ 版权所有·翻印必究 ◆━▶

编辑委员会

主　编　康　雷
副主编　袁昌定　陈红跃　谭宏伟　高　敏　车嘉陵
　　　　冯丽娟　何道领　何发贵　李　洁　潘　晓
　　　　王中辉
编　者　康　雷（重庆市畜牧技术推广总站高级畜牧师）
　　　　袁昌定（重庆市畜牧技术推广总站研究员）
　　　　陈红跃（重庆市畜牧技术推广总站研究员）
　　　　谭宏伟（重庆市畜牧技术推广总站高级畜牧师）
　　　　高　敏（重庆市畜牧技术推广总站畜牧师）
　　　　车嘉陵（重庆市巴南区动物疫病预防控制中心助理
　　　　兽医师）
　　　　冯丽娟（重庆市巴南区鱼洞街道农业服务中心兽医师）
　　　　杨海林（重庆市农业资源区划办公室副主任）
　　　　何发贵（重庆市梁平区畜牧服务中心高级畜牧师）
　　　　何道领（重庆市畜牧技术推广总站高级畜牧师）
　　　　李　洁（武隆区畜牧技术推广站畜牧师）
　　　　潘　晓（重庆市合川区畜牧站高级畜牧师）
　　　　王中辉（重庆市合川区钱塘镇畜牧兽医站）
　　　　景开旺（重庆市畜牧技术推广总站研究员）
　　　　张　科（重庆市畜牧技术推广总站高级畜牧师）
　　　　王　震（重庆市畜牧技术推广总站高级畜牧师）
　　　　张　晶（重庆市畜牧技术推广总站畜牧师）
　　　　张璐璐（重庆市畜牧技术推广总站高级畜牧师）
　　　　韦艺媛（重庆市畜牧技术推广总站畜牧师）
　　　　朱　燕（重庆市畜牧技术推广总站高级畜牧师）
　　　　谭千洪（重庆市畜牧技术推广总站畜牧师）
　　　　邓爱龙（重庆市畜牧业协会）

序　言

党的十九大在认真总结改革开放特别是党的十八大以来"三农"工作的成就和经验、准确把握"三农"工作新的历史方位的基础上，进一步提出实施乡村振兴战略。这是党中央从党和国家事业全局出发，着眼于实现"两个一百年"奋斗目标，顺应亿万农民对美好生活的向往作出的重大决策，是中国特色社会主义进入新时代做好"三农"工作的总抓手。习近平总书记指出，我国发展最大的不平衡是城乡发展不平衡，最大的不充分是农村发展不充分。因此，要改变农业是"四化同步"短腿、农村是全面建成小康社会短板状况，根本途径是加快农村发展。

2019 年，习近平总书记在决胜脱贫攻坚、全面建成小康社会的关键时刻，在喜迎新中国成立 70 周年的重要节点，在西部大开发 20 周年之际，亲临重庆市视察指导，充分体现了以习近平同志为核心的党中央对重庆工作的高度重视和对广大干部群众的亲切关怀。重庆市以习近平新时代中国特色社会主义思想为指导，深入贯彻落实党的十九大和十九届二中、三中全会精神，全面贯彻落实习近平总书记对重庆提出的"两点"定位、"两地""两高"目标和营造良好政治生态，做到"四个扎实"的重要指示要求，切实把总书记殷殷嘱托全面落实在重庆市农业农村发展建设上，实现农业农村经济稳健发展，农村社会稳定和谐，农民收入稳步提高。

"十三五"时期进入收官阶段，面对机遇和挑战，要加快转换发展动力，转变发展方式，努力在经济从高速增长转向高质量发展的背景下，继续增强农业基础地位，促进农民持续增收，努力在资源、环境两道"紧箍咒"硬约束下，保障农产品有效供给和质量安全，提升农业可持续发展能力，确保在现代农业建设上取得新成效，在优化农业结构上开辟新途径，在转变农业发展方式上实现新突破。

"十三五"期间，作为农业资源区划工作者，我们紧紧围绕"五位一体"总体布局和协调推进"四个全面"战略布局，牢固树立和贯彻落实新发展理念，以实施乡村振兴战略为统揽，对农业社会化服务体系建设、畜禽养殖废弃物资源化利用、构建城乡融合发展机制体制等"热点"问题进行了专题研究。

近年来，我们将农业资源区划工作成果分别以《重庆农业谱新篇》《巴渝农村绘新图》《挥写重庆三农新画卷》《转变农业发展方式新探索》《实现现代农业发展新作为》展现给各位领导、学者、同仁和朋友。书中收录了既有一定的政策性和战略性又有一定的前瞻性和创新性的研究报告，一些宏观管理部门把它们作为制定相关规划的重要参考，一些职能部门把它们作为履行经济调节、市场监管、社会管理和公共服务职责的重要依据，反响良好，极大地增强了我们继续奋斗的动力和信心。2019年是新中国成立70周年，是实施"十三五"规划、决胜全面建成小康社会的冲刺攻坚之年。我们继续本着"加强交流学习，推进理论创新与实践探索，让更多的朋友关注重庆农村，关心重庆农业，关爱重庆农民"的宗旨，将近期研究成果汇总，呈现又一拙作——《描绘农业农村发展新篇章》，以期对做好经济新常态下全市"三农"工作提供有益借鉴和决策参考。

　　书中提出的一些对策措施及政策建议，仅代表作者的观点。由于时间仓促和水平有限，对一些问题的研究还比较肤浅，难免有错误和不足，敬请批评指正。

编　者

2019 年 8 月 11 日

目 录

第一篇　农业综合开发支持农业社会化服务体系建设问题研究

第一章　研究背景与思路 ·· 3

　　第一节　研究背景 ·· 3
　　第二节　研究意义、方法和思路 ······························· 4

第二章　重庆市农业社会化服务体系建设现状 ················ 6

　　第一节　建设成效 ·· 6
　　第二节　存在问题 ·· 9
　　第三节　主要经验 ··· 10

第三章　重庆市农业综合开发支持农业社会化服务体系建设情况 ···· 12

　　第一节　基本情况 ··· 12
　　第二节　典型案例 ··· 14

第四章　农业综合开发支持农业社会化服务体系建设基本思路 ······· 21

　　第一节　指导思想 ··· 21
　　第二节　主要目标 ··· 22
　　第三节　重点任务 ··· 22

第五章　政策建议 ·· 24

　　第一节　明确支持重点 ·· 24

　　第二节　整合项目资源 ································· 25

　　第三节　开展绩效评估 ································· 26

　　第四节　改革管理方式 ································· 27

第六章　研究结论 ······································ 29

第二篇　重庆市畜禽养殖废弃物资源化利用问题研究

第一章　研究背景与目的意义 ···························· 33

　　第一节　研究背景 ···································· 33

　　第二节　目的意义 ···································· 35

第二章　畜禽养殖废弃物资源化利用现状 ················ 37

　　第一节　重庆市畜禽养殖废弃物资源禀赋情况 ········· 37

　　第二节　重庆市畜禽养殖废弃物资源化利用状况 ······· 40

第三章　当前面临的主要问题和困惑 ···················· 47

　　第一节　重整治轻发展 ································· 47

　　第二节　重关停轻治理 ································· 48

　　第三节　重督察轻投入 ································· 49

　　第四节　重建设轻运行 ································· 50

第四章　有关建议 ······································ 51

　　第一节　政策层面 ···································· 51

　　第二节　技术层面 ···································· 54

　　第三节　管理层面 ···································· 55

第五章　研究结论 ······································ 58

第三篇 构建城乡融合发展机制体制专题调研报告——以重庆市渝北区为例

第一章 城乡融合发展现状"五变" ……………………………… 63

　第一节 农业变得更强 ………………………………………… 63

　第二节 乡村变得更美 ………………………………………… 64

　第三节 群众变得更富 ………………………………………… 66

　第四节 人民生活变得更好 …………………………………… 68

　第五节 要素流通变得更畅 …………………………………… 72

第二章 城乡融合发展做法"五好" ……………………………… 73

　第一节 有好的规划引领 ……………………………………… 73

　第二节 有好的发展理念 ……………………………………… 74

　第三节 有好的补短举措 ……………………………………… 76

　第四节 有好的政策支撑 ……………………………………… 76

　第五节 有好的组织领导 ……………………………………… 78

第三章 城乡融合发展问题破解"六盼" ………………………… 80

　第一节 盼农业农村优先发展加快落实 ……………………… 80

　第二节 盼城乡居民收入差距加快缩小 ……………………… 81

　第三节 盼互联互通基础设施加快完善 ……………………… 81

　第四节 盼留住中青年农民且技能加快提高 ………………… 82

　第五节 盼政策落地最后一公里加快打通 …………………… 82

　第六节 盼强化基层组织建设加快夯实 ……………………… 83

第四章 城乡融合发展机制体制建议"融合六策" ……………… 84

　第一节 思想观念融合 ………………………………………… 84

　第二节 政策设计融合 ………………………………………… 85

　第三节 统筹指导融合 ………………………………………… 87

　第四节 行政推力融合 ………………………………………… 89

　第五节 治理方式融合 ………………………………………… 90

　第六节 考评机制融合 ………………………………………… 91

第一篇
农业综合开发支持农业社会化
服务体系建设问题研究①

---

① 研究专家：袁昌定、何道领、高敏、车嘉陵、冯丽娟、何发贵、潘晓、王中辉；结题时间：2017年12月。

第一章　研究背景与思路

第一节　研究背景

　　农业社会化服务是由社会上各类服务机构为农业生产提供的产前、产中、产后全过程综合配套服务。党的十七届三中全会通过的《中共中央关于推进农村改革发展若干重大问题的决定》提出：加快构建以公共服务机构为依托、合作经济组织为基础、龙头企业为骨干、其他社会力量为补充，公益性服务与经营性服务相结合、专项服务和综合服务相协调的新型农业社会化服务体系。近年来，每年的中央一号文件都要强调农业社会化服务。《中共中央国务院关于全面深化农村改革加快推进农业现代化的若干意见（2014年1号文件）》指出：健全农业社会化服务体系，稳定农业公共服务机构，大力发展主体多元、形式多样、竞争充分的社会化服务，推行合作式、订单式、托管式等服务模式，扩大农业生产全程社会化服务试点范围。通过政府购买服务等方式，支持具有资质的经营性服务组织从事农业公益性服务。《中共中央国务院关于落实发展新理念加快农业现代化实现全面小康目标的若干意见（2016年1号文件）》指出：实施农业社会化服务支撑工程，扩

大政府购买农业公益性服务机制创新试点。《中共中央国务院关于深入推进农业供给侧结构性改革加快培育农业农村发展新动能的若干意见（2017 年 1 号文件）》指出：总结推广农业生产全程社会化服务试点经验，扶持培育农机作业、农田灌排、统防统治、烘干仓储等经营性服务组织。党的十九大报告指出：健全农业社会化服务体系，实现小农户和现代农业发展有机衔接。

第二节　研究意义、方法和思路

一、研究意义

本研究将针对如何利用农业综合开发项目，支持农民合作社、龙头企业、家庭农场及社会化服务组织，包括支持环节、支持重点等，充分发挥财政资金"四两拨千斤"的作用。

二、研究方法

本研究以系统论的综合研究方法为基础，将经济学、生态学等多学科相结合，以经济学理论和方法作为论证的支撑及手段，以统计数据和文字资料等实证材料为依据，参考相关文献，采用跨学科交叉研究、理论分析与实际调查相结合、定性分析和定量分析相结合、专家咨询法等研究方法。

三、研究思路

本研究坚持定量研究与定性研究相结合，以调查为基础，以研究为手段，以结论为导向。本研究的基本思路遵循"理论→实证→对策"的一般过程，循经"理论方法借鉴→实地调查研究→资料收集分析→形成研究提纲→形成研究报告初稿→针对性核查校正→广泛征求意见→形成研究报告终稿"的技术路线。

第二章 重庆市农业社会化服务体系建设现状

第一节 建设成效

一、服务组织不断壮大

一是重庆市农技推广体系发展成熟。据统计，2016年重庆市种植业、畜牧兽医、水产、农机化、综合站5个系统共有农技推广机构2 066个，基层农技推广机构实有人数20 770人，其中研究生以上学历340人、大学本科以上学历4 468人，队伍不断壮大。二是经营性服务体系初具规模，随着农业产业化的深入发展，在生产加工、市场流通等领域涌现了大批农产品加工、购销和农业生产资料供应的农资经营性服务组织、农业机械经营性服务组织、畜牧饲料经营组织等多种类型的经营性组织。三是合作性服务组织逐步发展。农民合作社已成为带动农户进入市场的基本主体、发展农村集体经济的新型实体和创新农村社会管理的有效载体，在农业技术推广、生产资料供应、标准化生产、农产品营销等服务方面发挥着重要作用。四是协会、学会等民间组织快速发展。据统计，重庆市与农业相关的协会、学会共有 10 多个，已经成为农业社会化服务体系不可或缺的重要力量。

二、服务内涵不断拓展

随着现代农业的不断发展，特别是农村一二三产业深度融合发展，新型经营主体的需求逐渐多元化、系统化，农业社会化服务内涵已经从单纯的农业生产，扩展到产前、产中、产后各个环节，为农民提供购买、技术、信息、金融、加工、储存、运输、销售等各个方面的服务。例如，集中购买服务、技术指导服务、农产品销售服务、财政金融服务等。

三、服务方式日趋多元

一是服务主体日趋多元，包括政府及涉农事业单位（各级农业技术推广站、畜牧站、水产站等），农业院校、农业科研院所等科研单位，金融、物流、信息等部门，村集体经济组织，农村经济合作组织和其他涉农组织等。二是服务方式日趋多元，按照求实效、广覆盖、重服务的要求，不断整合各方资源，利用信息化、电商平台、大众媒体、金融、物流、保险等现代化的方式，提高服务质量与服务效率。目前，已出现了"合作社＋社员""合作社＋种养大户""龙头企业＋合作社＋农户"等多种新型农业经营主体合作组织模式，以及土地股份合作、联合社、资金互助合作、加工合作等多种合作形式，涉农服务更为专业，利益连接更为紧密。

四、服务活力不断增强

全市新型农业经营主体快速发展，增添了社会化服务的活力和动力。2016 年，全市农业产业化龙头企业 3 589 家，其中国家级 32 家、市级

805家、区县级2 752家；农民合作社28 706个，成员352万户，农民参合率54.5%；家庭农场16 605家，销售农产品57.6亿元。实践证明，农民合作社具有"生产靠户、服务靠社"的特点，是农业服务最有活力和潜力的主体。如农机专业合作社的服务，避免了"有机无田耕，有田无机耕"恶性无序竞争的尴尬局面，既提高了农机具的使用、利用效率，保证了作业秩序，稳定了农机市场作业价格，又减轻了农民劳动强度，抢得了农时，促进农业增产、农民增收。

五、服务效能日益显著

一是促进了农民收入稳定增长。新型农业经营主体承接流转土地，使大批农民从土地束缚中解放出来，或进城务工，或在流转出的土地上从事种植业管理，拓宽了农民增收渠道，增加了收入。据调查，在有社会化服务保障下，种粮大户经营规模达到百亩以上时，土地利用率提高10%以上，经济效益提高25%以上。二是促进了农业规模经营水平和效益稳步提高。从农业规模经营水平上看，新型农业经营主体成为土地流转的主体。据调查，全市普通农户平均耕地5.38亩，新型农业经营主体中，专业大户通过土地流转平均经营面积50亩，家庭农场平均经营土地面积90亩，而作为基地规模最大的农业产业化龙头企业，其中90%以上都拥有生产基地，它们的经营规模均远远超过普通农户。三是促进了农业市场化水平持续提高。通过规模化、专业化经营，拉长农业产业链条，开展产销对接，有效地解决了农业小生产和大市场的矛盾，增强了抵御自然灾害和市场风险的能力。忠县金旺植保专业合作社，年病虫害统防面积突破10万亩，证明了专业化社会服务组织农村有需求、企业有市场。四是促进了农业品牌化水平不断提高。新型农业经营主体注重品牌，能够引进和改良品种，推行标准化生产，使用高效低毒或无毒农药和有机肥，一方面为消费者提供优质可追溯的放心农产品，另一方面实现更高的销售价格或价值。2016 年，全市"三品一标"2 481 个，总产量 702 万吨；名牌农产品 173 个，其中国家级 26 个。五是促进了农业科技成果加速转化。新型农业经营主体为追求经济效益，能够克服分散经营状态下的兼业化弊病，集中精力专职从事农牧业生产经营，主动应用现代农业科技成果，尽可能地提高单位投入产出率。六是促进了工业化城镇化人力资源保障水平稳步提高。新型农业经营主体承接流转土地，使农民从土地上解脱出来，为第二、第三产业提供了大量劳动力，使劳动力成本低的优势得以继续发挥，延续"人口红利"，推进了新型工业化、城镇化发展。

第二节　存在问题

一、公益性服务组织作用发挥不够

一是政府财政投入不足，特别是农业农村的基础设施建设、农业教育科研和农业技术推广投入的不足，严重限制了服务组织作用的发挥。据调查，有些公益性服务机构在服务方面，存在"有人、有条件、有能力情况下，不愿意干"的情况。二是财政、金融、保险支持政策不到位。农村金融政策不到位，农民贷款难、负担重、农业成本高；农业保险政策不完善，以盈利为目的的保险保好不保差，保险公司也缺乏积极性和主动性，农民承担风险高。

二、新型经营主体带动力不强。

一是从龙头企业来看，整体规模不大，竞争能力较弱。二是从农民

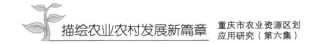
合作组织来看，机制不完善，运行不规范，管理服务缺位。三是许多经营主体还处于初级发展阶段，自身积累少，基地规模小，与农户的联结不紧密，带动农民增收动力不强。据调查，有些经营性市场主体在提供社会化服务方面，呈现"缺钱、缺条件、缺少发展环境情况下，想干干不了"的尴尬境地；有些市场主体商业化过于严重，"与农争利"现象时有发生。

三、社会化服务内容不全

一是服务范围不广。从企业规模看，只支持大企业，不支持小企业；从产业范围看，休闲农业得不到支持。二是服务环节不够。目前农业社会化服务环节呈现"两头轻中间重"的状态，重支持产业基地建设，轻产前、产后环节支持。如产前的生物有机肥生产，产后的市场开拓、品牌培育等，支持力度太小。生物有机肥生产是治理养殖业粪污、为种植业提供优质肥料的最好手段，本应得到政府大力支持，但目前肥料生产企业基本未能享受财政项目直接支持。市场开拓、品牌培育等方面，支持力度也不大。

 第三节　主要经验

一、政策支持是农业社会化服务体系建设的根本

建设新型农业社会化服务体系，离不开政策的引导和支持。政府要充分发挥主导作用，整合资源要素，加强体系建设的顶层设计。结合农村实际，制定一些扶持政策，鼓励多元化农业社会化服务组织发展。研究出台

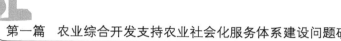

相应的措施，尤其是在财政投入、税收优惠、金融贷款、土地利用、基础建设、人才引进、科技研究、产业体系、市场信息、保险机制、品牌创建等方面加大扶持力度，例如出台和完善扶持相关人才培养、构建完善市场机制、加大资金支持等各个方面的政策，形成推动农业社会化服务体系发展的政策合力，为农业社会化服务体系提供坚实的政策后盾。

二、部门配合是农业社会化服务体系建设的动力

发展农业社会化服务体系是一个需要持之以恒的事业，与农业生产各部门紧密相联，与政府决策、农民利益息息相关，需要农技推广各个部门通力合作，相互配合，才能推动农业社会化服务体系健康发展。公共服务机构要加强领导，促进部门协调沟通，以利于公共服务机构公益性服务职能的构建，保障财政上有专项的财政资金，同时争取中央财政对重大农业技术项目推广和经济欠发达地区的推广工作予以适当补助，促使重大的公益性的农业服务、农技人员培训有各级财政专项资金支持。

三、支持社会化服务机构是关键

重庆市多主体、社会化的服务体系已经初步形成。近年来，随着市场化趋向的改革不断推进，农业社会化服务体系中各类政府以外的市场化主体得到了蓬勃发展，进一步发展了以乡村集体或合作经济组织为基础，以公共服务部门为依托，以社会其他力量自办服务为补充的农业社会化服务体系。例如农业产业化龙头企业、农民专业技术协会（研究会）、农民合作社和以个人或家庭等为单位的个体形式的农业社会化服务主体等，它们才是社会化服务建设的中坚力量，支持社会化的服务机构，才能推动社会化服务体系建设的可持续发展。

第三章 重庆市农业综合开发支持农业社会化服务体系建设情况

第一节 基本情况

一、投入大

"十二五"以来，重庆市农业综合开发投入逐年增加，在土地治理、高标准农田、科技推广、现代农业园区建设等方面，发挥了重要作用，有力地支持了龙头企业、农民合作社、家庭农场等新型经营主体发展，极大地提高了全市农业社会化服务水平和能力。"十二五"期间，全市农业综合开发累计投入 108.9 亿元，其中：财政资金 43.8 亿元，业主和群众自筹 12.3 亿元，撬动金融资本和社会其他投入 52.8 亿元。"十三五"时期，进一步加大农业综合开发投入力度。2016 年，全市农业综合开发投入财政资金 13.99 亿元，同比增长 2.6%，其中中央财政资金 8.85 亿元，同比增长 3.2%。其中，投资财政资金 79 649 万元，实施土地治理项目 104 个，改造治理土地 58 万亩（建设高标准农田 35.7 万亩，生态综合治理 22.3 万亩）；安排 1 853 万元实施市级集中科技推广项目 38 个；投入财政资金 4 800 万元，实施高标准农田创新试点；投入财政资金 13 380 万元，实施产业化经营补助项目 81 个，先建后补项目 27 个；投入财政资金 3 000 万元，实施产业化经营贴息项目 43 个；投入财政资金 4 800 万元，在梁平、永川实施国家农业综合开发现代农业园区建设项目；投入财政资金 5 600 万元，实施武陵山民族贫困地区经济发展政策创新试验项目。

二、成效大

归纳起来，有以下三大成效：一是形成了一股"三农"发展的中坚力量。农业综合开发逐渐成为支撑重庆市农业社会化服务体系建设的中坚力量，"十二五"期间，实施农业综合开发产业化项目 696 个，扶持新型农业经营主体 589 个，其中：龙头企业 335 家（重点龙头企业 107 家）、农民合作社 254 个。2016 年，全市农业综合开发重点龙头企业达到 441 家，占全市总龙头企业（即农业产业化市级以上龙头企业 837 家、农业综合开发龙头企业 441 家）的 1/3 左右。据测算，农业综合项目对全市农业社会化服务体系建设的贡献率达到 34.5%。二是形成了一个较好的投入机制。农业综合开发实行以中央财政资金投入为引导，地方财政资金配套，农民和新型经营主体自筹，适度吸收金融机构贷款的投入机制。三是形成了一个可持续的发展动力。农业综合开发通过无偿资金投入，改善农业生产条件、农民出行条件、农村生态环境条件，推动了政府的扶持政策、新型经营主体的创新创业和服务、农村一二三产业融合发展、农业绿色发展、农民增收致富有机结合，让农民得到了公共财政的阳光雨露，爆发出了推进现代农业发展、促进农村繁荣稳定的强劲动力。

三、意义大

重庆市农业综合开发支持农业社会化服务体系建设的成效说明，农业综合开发是加强农业基础设施建设、提高农业综合生产能力的重要抓手，是推进农业供给侧结构性改革、增加农民收入的重要着力点，是支持和保护农业、活跃农村生产力的重要举措，是改善农业生态环境、促进农业农村可持续发展的重要动力。

第二节　典型案例

一、重庆市梁平县大舜水禽养殖专业合作社

重庆市梁平县大舜水禽养殖专业合作社，成立于 2003 年 11 月，并于 2008 年初按照《农民专业合作社法》在县工商局依法转登记，注册资金为 400 万元。合作社主要从事种水禽饲养，孵化，商品肉鸭养殖、加工、销售。在各级部门的领导下，合作社不断发展壮大，从当初的 61 个社员发展到现有社员 502 个，遍布梁平县各乡镇，并辐射万州、开县、云阳、忠县、巫溪等周边区县。

1. 在政府引导下，成立合作社

梁平区发展水禽产业始于 20 世纪 60 年代，素有"鸭乡"之称，在当时已具有相当规模，常年出栏商品鸭 400 万只，农民历来有房前屋后养鸭的习惯。水禽产业是梁平区的优势传统产业，重庆直辖后，水禽养殖业得到了前所未有的发展，全区禽养殖产业规模不断扩大。原先传统的一家一户的放养方式，存在着养殖规模小、鸭生长慢、周期较长、品种单一、良种较少、受气候影响形成淡旺季价格波动较大，严重影响了水禽养殖户的积极性和收入。为解决这些矛盾，进一步扩大水禽养殖，保护农民利益，在原梁平县委、县政府的领导下，在农牧局专业人士的指导下．由梁平县城北乡水禽养殖大户发起，吸收部分水禽养殖农户经过多次讨论，"梁平县大舜水禽养殖专业合作社"应运而生。

2. 科技创新，提升科技服务能力

合作社经过近几年的发展，组建了以中国农业科学院侯水生研究员为首席科学家的水禽产业专家团队，创新了专家大院和科技特派员管理运行机制，选派市、县级水禽科技特派员 31 名，完善并建成了市级水禽科技专家大院和科技特派员工作站，建成"国家水禽产业技术体系重庆综合试验站（梁平）"、重庆市畜牧科学院科技成果转化基地、市级水禽科技专家大院和梁平县科技特派员水禽示范基地。为实现张鸭子原料本地化，2012 年，合作社与重庆市畜牧科学院合作，从中国农业科学院引进 CMD 优质素材，和本地花边鸭杂交，开展 CMD 小型白羽肉鸭本地化的肉鸭选育，目前选育工作已经进行到第四世代，合作社每年向养殖户推广该新品系鸭苗 100 余万只，向张鸭子公司提供符合质量要求的原料鸭 60 万只，市场接受率较高。同时，该选育场采用发酵床生态养殖新技术，符合对环境污染小且排放少的环保型养殖要求，较好地解决了肉鸭规模化养殖与环境保护、产品安全性之间的矛盾。2012 年，由大舜水禽养殖专业合作社承担的《品牌卤制鸭专用品种 CMD 新品系繁育与示范》被梁平县科学技术委员会确定为重庆市科学技术成果、被梁平县人民政府授予梁平县科技进步奖一等奖，2013 年共发明了《新型鸭圈》等 15 项实用新型专利，其中《商品鸭养殖场》等 6 项专利被梁平县科学技术委员会确认为重庆市科学技术成果。

3. 助农增收，创新服务模式

近年来，合作社始终坚持为社员服务和增加社员收入为宗旨，通过

15

"公司＋专业合作社＋示范基地＋农户"模式运行，积极推行水禽养殖"八统一"标准化养殖技术，即统一组织协调、统一圈舍设计、统一孵化种蛋、统一供种雏禽、统一免疫接种、统一饲料供应、统一加工销售、统一技术培训，为社员提供产前、产中、产后系列化服务，大力开展科普宣传、技术培训、咨询服务活动，以及稻鸭共育、种草养鹅示点示范及新品种的引进与推广，实现了组建组织有力、科普活动经常、技术服务到位、营销网络健全、示范作用明显和辐射带动性强的建设目标，成功走出了一条适合本地及周边区县实际的水禽产业化发展，引导农民致富奔小康的新路子，得到了会员的拥护和广大群众的认可和好评。2011年，大舜水禽养殖专业合作社被梁平县人民政府表彰为农村科普惠农先进单位。

4. 融资困难，阻碍发展主要症结

一是融资主体资格缺位。农民专业合作社虽然已依法在工商部门注册，市场主体和承贷主体也都得到法律的确认，但其在注册成立时不需验资，过宽的制度使注册资金的真实性受怀疑，多数金融机构对此类法人性质缺乏信任度，直接融资能力受到影响。二是金融支持严重不足，融资能力极其有限。尽管中国《农民专业合作社法》规定，国家政策性金融机构以及商业性金融机构应当采取多种形式，为农民专业合作社提供多渠道的资金支持，但是这些规定比较笼统。从现实看，金融机构为了自身的利益，银行贷款基本上是支持那些已经成长壮大了的合作组织，或是有一定社会背景的合作社；由几户农民发起的、真正需要支持的合作社往往难以获得融资机会。同时，银行为了降低经营风险通常要求贷款的合作社提供一定的担保或抵押，而合作社由于面临的风险较大，注册资金较少而缺乏有效的抵押品，导致放贷风险增大，金融机构在审查其贷款资格时，就会提高合作社的贷款条件，从而增大合作社融资难度和融资成本。

二、重庆嘉蓝悦霖农业科技发展有限公司

重庆嘉蓝悦霖农业科技发展有限公司成立于2016年9月，注册资金3 000万元，是一家集科研、种植、加工、营销、技术服务、生态旅游开发为一体的农业产业化龙头企业。公司以贵州茅台（集团）生态农业开发有限公司为战略合作伙伴，重庆良瑜投资（集团）有限公司全额出资共同组建而成，自成立以来，始终坚持以高品质生态蓝莓种植为起点、以人体大健康产业为导向、以蓝莓保健及功能性产品研发为核心，实施蓝莓全产业链的开发。

2016年度农业综合开发高标准农田建设项目结合嘉南悦霖农业科技发展有限公司蓝莓基地，已建成3米×1.8米排洪沟带3.0米耕作道326米，2米×1.8米排洪沟带2.0米耕作道369米。2017年度农业综合开发高标准农田建设项目结合嘉南悦霖农业科技发展有限公司蓝莓基地，拟新建维修2.0米×1.5米排洪沟带2.5米宽耕作道656米，1.5米×1.0米排洪沟维修1 467米，2.2米耕作道带Ⅱ型排湿沟365米，Ⅱ型排湿沟358米，2.5米耕作道维修877米，2.2米耕作道4 880米，涵洞160米。项目投入资金536余万元，其中2016年度126万元，2017年度410万元。

该公司实施的万亩蓝莓产业项目以南川大观农业园区为中心（兴隆镇、大观镇、黎香湖镇、木凉乡、河图乡），规划实施蓝莓种植13 000余亩（15亩＝1公顷。全书同），其中蓝莓观光示范园5 000亩（含2 000亩标准化优质蓝莓科技种植示范园），"公司＋种植大户＋合作社"模式配套8 000亩。以万亩蓝莓种植为基础，公司将实施蓝莓保健品包括保健养生酒、功能性饮料、蓝莓花青素提取等深加工生产线的组建，配套

完成核心产品展示区、物联网数据中心、蓝莓主题体验酒庄、蓝莓鲜果冷链仓储功能区的组建和蓝莓果酒深加工生产线。最终公司将全面形成西南片区蓝莓育苗、种植、鲜果销售、产品深加工全产业链的开发，并实现高科技农业工厂化规模生产；通过实施万亩生态化蓝莓生产示范，不但可以从根本上解决制约农业生产发展的集约化、产业化、科技化、生态化等关键问题，还可以大幅度改善农村环境。项目通过科学化管理，品牌化经营，在有效延伸农业产业链、增加产品附加值、繁荣农村经济的同时更可加快城乡一体化发展步伐，促进地区经济发展，为全区生态治理引入新模式、作出示范和样板。

三、重庆市友军生态园

重庆市友军食品有限公司成立于 2011 年 1 月 28 日，注册资金 1 000 万元，它的前身为重庆市合川区友军食品厂。公司法定代表人余家友先生系国家特一级烹调师，对食品生产和加工有着非常丰富的经验，他在传统基础上不断开发创新，公司自主研发的"友军牌"香脆椒、油辣椒、脆椒豆瓣、鱼调料、口水黄豆、麻辣紫薯等系列休闲食品极具特色，深受消费者喜爱。特别是香脆椒产品已经获得国家知识产权局的发明专利，系列产品获重庆市伊斯兰教协会授予"清真证书"，畅销全国各地。公司先后获得 2010—2012 年合川区政府"优秀农业产业化龙头企业"、合川区旅游局"旅游产品定点生产单位"、2010—2012 年合川区"旅游工作先进单位"、合川区 2010 年和 2011 年"售后服务先进单位"、2010 年"合川名小吃"、2010 年合川区"知名商标"、2011 年度"守合同重信用单位"、2010 年合川啤酒节中被评为"十佳名小吃"、合川区"成长型工业企业"、"首届重庆最具发展潜力工业企业"、重庆市第十三届名优特新产品迎春展销会"消费者喜爱产品"、重庆市第十五届名优特新产品迎春展销会"最受消费者欢迎的产品"、第十二届中国西部（重庆）国际农产品交易会"消费者喜爱产品"、2010 年"上海世博会重庆馆专供礼品供应商"、"首届重庆最佳营销品牌企业"、"重庆市工业营销标杆单位"、2012 年度重庆市"售后服务先进单位"、2012 年度重庆市"著名商标"、重庆市"工人先锋号"。

重庆友军生态园由重庆市友军食品有限公司打造，位于合川区龙市镇，占地 500 余亩，总投资 1 亿元，由西南大学现代农业专家组精心设计布局，打造当地人文景观紧密结合的现代农业型旅游观光农业精品。景区坚持走"农旅融合""文旅融合""文明景区"发展之路，友军生态园已建成蓝莓园、杞果园、生态水产养殖园、生态瓜果长廊、奇瓜异果观赏园、国内首家私人辣椒博物馆、综合实践体验科普中心、户外拓展训练中心、农耕民俗文化体验中心及餐厅等接待设施。园区分为奇异瓜果展示区、亲子体验娱乐区、特种水果采摘区、无公害蔬菜种植区、餐饮住宿服务区五大功能区域，长达 1 000 米的农耕文化展示长廊贯穿整个生态园。目前园区拥有员工近 200 人，90％为当地农民，现阶段园区平均每天大概接待游客 1 000 人次，可同时容纳 1 500 多人同时就餐。园区每年还开展"郁金香风车节""南瓜文化艺术节""农耕文化艺术节""绿色蔬菜水果采摘节"等一系列乡村旅游节会活动，将中国传统文化与社会主义核心价值观融入旅游活动之中。

友军青少年综合实践科普教育基地，位于重庆市合川区龙市镇，由重庆品友农业发展有限公司（友军生态园）投资 1 亿元打造，旨在打造全国中小学生社会实践教育基地和国家级农业科普实验基地。自 2016 年项目启动以来，目前已完成 1 000 万元一期工程项目，建成综合素质提升中心、农耕民俗文化体验中心、户外拓展训练中心以及活动广场、学生军营（可提供 500 名学生住宿）等配套设施；完成生存体验、素质拓

展、科学探究、专题教育 4 大类 56 个学生社会实践课程的研发，并完成编辑工作；完成基地队伍建设，目前基地有管理人员 9 名、实践教师 22 名、后勤保障人员 34 名。截至 2017 年 9 月，基地教学和服务的社会团体、学校、各培训机构等单位 37 个，4 万余名学员。

友军生态园农旅融合发展显著，以钱双高速公路建设为契机，规划融入主城 1 小时都市乡村旅游圈，着力打造农耕文化体验、科普实践教育、休闲乡村旅游为一体的综合示范基地。从食品到生态园，再到实践教育基地，完成了一二三产业的完美融合。

第四章 农业综合开发支持农业社会化服务体系建设基本思路

第一节 指导思想

深入贯彻党的十九大精神，坚持以习近平新时代中国特色社会主义思想为指导，深入落实习近平总书记对重庆提出的"两点"定位和"两地""两高"目标要求，统筹推进"五位一体"总体布局和协调推进"四个全面"战略布局，坚持稳中求进工作总基调，牢固树立和贯彻落实创新、协调、绿色、开放、共享的发展理念，遵循国家"三农"工作方针政策，紧紧围绕实施乡村振兴战略，以构建新型农业社会化服务体系为主线，以促进农业稳定发展和农民持续增收为目标，以农业综合开发支持农业社会化服务体系建设为手段，坚持发展与规范并举、数量与质量并重，健全规章制度，完善运行机制，加强民主管理，强化指导扶持服务，注重示范带动，不断增强家庭农场、农民合作社、新型职业农民等新型农业经营主体经济实力、发展活力和带动能力，创新农业经营体系和社会化服务体系，促进农业社会化服务体系建设发展。

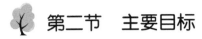

第二节　主要目标

到 2020 年，按照以民为本、发展为重，以己为主、扶持为辅，注重质量、优化机制，立足实际、稳中求进的原则，财政引导、金融支持、保险保障、订单营销"四位一体"的现代农业发展机制基本形成，农业综合开发对农业社会化服务体系建设支持力度进一步加大，农业综合开发项目对社会化服务体系建设的贡献率达到 50％以上，农业综合开发成为助推乡村振兴战略的重要力量。

第三节　重点任务

农业综合开发支持农业社会化服务体系建设，要树立"创新开发、特色开发、绿色开发、全程开发和惠民开发"理念，围绕全市农业综合开发总目标，完成以"三个一"为体现的重点任务。

一、建立一套农业综合开发社会化服务投入长效机制

农业社会化服务体系建设，除依靠服务主体内生动力外，离不开财政资金和项目的支持，特别是在发育期，更需要在关键时机和关键环节得到大力支持。要建立农业综合开发支持农业社会化服务体系建设的长效机制，稳定资金来源渠道，打通项目建设通道，确保农业综合开发支持下的农业社会化服务组织可持续发展。

二、培植一群农业综合开发社会化服务机构

建设农业社会化服务体系，关键是培植起众多能提供农业社会化服务的机构，分行业、产业、类别或区域，建立农业社会化服务组织群。要合理决定农业社会化服务中政府与市场的分工协作关系，准确把握农业社会化服务的行业、产业和区域特点，顺应农业社会化服务主体多元化趋势，按照"联合公益性服务机构，支持营利性服务机构，扶持非营利性服务机构"思路，有目的地培植一群农业综合开发社会化服务组织。

三、树立一批农业综合开发社会化服务亮点

农业社会化服务体系建设的最终目标，是实现农业增效、农民增收和农村增率，而这个目标要通过若干看得见、摸得着的亮点才能得到体现。要重点打造通过农业综合开发项目直接支持的，社会化服务主体全程服务的，在农业增效、农民增收和农村增率方面成效显著的样板和典范，为其他同类型地区提供可看、可学、可借鉴的模式。尤其要针对农村一二三产业融合发展、农业品牌建设和农业综合开发助力扶贫等热点问题，走"集合资源、集中力量、集约发展"的路子，建设一批"示范窗口"。

第五章　政策建议

第一节　明确支持重点

一、重点对象

农业综合开发项目支持农业社会化服务的对象，重点有两个：一是非营利性农业社会化服务机构。非营利性农业社会化服务机构是农业社会化服务的重要组成部分，在农业社会化服务中起着重要作用，其主要以农民为主体，具有扎根于农村、依托于农业、服务于农民的优势，与"三农"有着天然联系，然而，许多农民合作社难以得到金融支持，发展后劲不足，服务功能大打折扣，财政资金要大力支持。非营利性农业社会化服务机构以农民合作社、农业行业协会为典型代表。二是营利性农业社会化服务机构。营利性农业社会化服务机构具有对市场反应快、导向性强、作用直接、覆盖面广等优势，在引导其规范发展的同时，要适当给予财政支持。营利性农业社会化服务机构以龙头企业、社会化服务组织为典型代表。

二、重点产业

农业综合开发支持农业社会化服务，围绕农业增效、农民增收和农村增绿总体目标，针对全市"十三五"时期"371 现代农业产业体系"，把农业综合开发财政资金重点支持粮油、蔬菜、生猪等 3 个保供产业，柑橘、榨菜、草食牲畜、生态鱼、中药材、茶叶、调味品等 7 个特色产业及其他区域性特色产业以及休闲农业与乡村旅游。特别是要围绕扶贫攻坚，把那些投资少、见效快、农民易于接受的产业，纳入支持重点。在支持休闲农业与乡村旅游产业时，要重点支持农业产业支撑型休闲农业与乡村旅游，特别是依托粮油、经作、养殖等产业，可举办观花、采果、品尝、品味、科普等农业环节的项目。

三、重点环节

农业综合开发支持农业社会化服务，要围绕农业增效和农民增收目标，瞄准基础设施建设、产业基地标准化建设、品牌创建、农产品加工、农产品流通等重点环节。要在产业链延伸、科技创新、产业融合、田园综合体建设、畜禽粪污资源化治理、动植物疫病绿色防控、设施农业、农业信息化、农产品储藏保鲜、产地批发市场、农村电子商务等方面，加大支持力度。

 ## 第二节　整合项目资源

一、发挥财政资金的引领作用

要从农发工作关键环节入手，突出目标导向和问题导向，坚持依靠

改革创新，充分发挥财政资金投入的整体效应，整合项目资源，增强项目建设的示范引领作用，把"点土成金"和"以点带面"相结合，充分放大农业综合开发建设成效，推动社会化服务体系建设发展。

二、统筹项目资源

按照集中资金促建设为思路，以农业综合开发项目为平台，整合国土、发改、林业、水利、交通、财政等项目资金，以政府为主导，规划为引导，提高资金使用效益，吸纳社会资金投入农业开发，支持农业社会化服务机构，促进农业社会化服务体系建设。

三、合理配置农业资源要素

合理配置农业资源要素是解放和发展农村社会生产力，解决"谁来种地"问题，实现土地规模经营，农民有序转移，城市资本流向农村（从单一的农村资本进城转向城市资本下乡、农村富余资本进城的双向流动）的关键。发展龙头企业、农民合作社、社会化服务组织，有利于推进城乡要素平等交换和公共资源均衡配置，有利于强化政府对公共资源调控和对市场要素的引导，才能吸引更多的公共资源投向农村，更多紧缺要素流入农村，才能使农村资源在流出中体现更大价值，实现政府引导与市场配置的更好结合。

 ## 第三节　开展绩效评估

一、推进项目评估的制度化、规范化

一是要建立以评估结果为基准的奖惩制度，不断完善项目责任追究

制度，对"劣质"项目严肃追究责任。二是加强绩效评估的统一规划和指导，把分散的绩效评估内容、指标、程序和方法整合起来，逐步形成标准化、全方位、全过程的绩效评估体系。三是建立规范的农发项目可行性论证制度和专家咨询制度，严格农发投资项目的立项、建设、验收和评估制度。

二、设置绩效评估专业机构和配备专业评估人员

成立专门的绩效评估机构并配备专业人员，把绩效评估作为一项重要工作来抓。一是强化绩效评估的理念，优化绩效评估人员的知识结构，根据需要举办各类绩效评估的培训班和讲座，学习先进经验，再通过工作实践提高工作水平。二是借助外部资源，建立绩效评价专家库，聘请有关专家、学者及社会力量、中介机构开展政府性投资项目的绩效评估工作。

三、加强项目绩效管理，完善全过程预算绩效管理模式和问责机制

进一步完善贯穿项目实施全过程（绩效目标管理、绩效监控、绩效评价、结果应用）的绩效管理机制，从项目绩效目标编制审核入手，加强农发资金的跟踪问效，及时纠正绩效偏差，延伸资金管理链条，提升精细化管理水平，提高农发资金的使用效益。

 ## 第四节　改革管理方式

一、为农业项目管理"减负"

整合农业监管职责，改变农业经营多部门分段监管的"九龙治水"

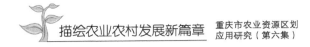
模式，减少农业项目管理"婆婆"，增强监管效率。

二、优化项目审批程序

改革行政审批服务工作，加强市级农业行政审批事项与行政权力的清理，简化审批流程，压缩审批时限，使全市农业行政审批服务工作更加方便快捷。要避免和减少生猪产业中出现的"补高不补低"的情况，提高政策补助资金的时效性。

三、加大资金监管力度

对支农资金整合项目实施推行项目公示制度，大力推行招投标制度和政府采购制度，全面实施项目监理制度。支农资金整合各成员单位加大资金使用情况检查力度，市、区（县）农委、财政、审计和监察部门加强对资金使用的监督和审计，防止资金滞留挪用，保证资金安全，提高资金使用效率。

第六章　研究结论

（1）农业综合开发是实施乡村振兴战略的重要力量。农业综合开发作为国家财政支农工作的重要组成部分，体现了国家对农业的支持，工业对农业的反哺。因此，农业综合开发是构建农村和谐社会的基础性工作，是实施乡村振兴战略的重要力量，意义和作用十分巨大。

（2）农业综合开发扶持农业服务体系建设成效显著。近年来，重庆市农业综合开发支持农业社会化服务体系建设成绩斐然，不仅形成了一股"三农"发展的中间力量，而且形成了一个较好的投入机制，还形成了一个可持续的发展动力。

（3）农业综合开发支持农业服务体系需要有的放矢。农业综合开发支持农业社会化服务体系建设，其重点对象是农民合作社、农业行业协会等非营利性农业社会化服务机构，龙头企业、社会化服务组织等营利性农业社会化服务机构；其重点产业是粮油、蔬菜、生猪等保供产业，柑橘、榨菜、草食牲畜、生态鱼、中药材、茶叶、调味品等特色产业，以及休闲农业与乡村旅游；其重点环节是农业基础设施建设、产业基地标准化建设、品牌创建、农产品加工、农产品流通等。

第二篇
重庆市畜禽养殖废弃物资源化利用问题研究①

---

① 研究专家：康雷、袁昌定、高敏、何道领、车嘉陵、冯丽娟、陈红跃、谭宏伟、何发贵、景开旺、张科、王震、韦艺媛、张晶、张璐璐、朱燕、谭千洪、邓爱龙；结题时间：2018年8月。

第一章　研究背景与目的意义

第一节　研究背景

一、生态文明与环保政策背景

生态文明建设是关系中华民族永续发展的根本大计，是实现中华民族伟大复兴中国梦的重要内容。党的十八大以来，以习近平同志为核心的党中央把生态文明建设作为统筹推进"五位一体"总体布局和协调推进"四个全面"战略布局的重要内容，开展一系列根本性、开创性、长远性工作，加快推进生态文明顶层设计和制度体系建设，推动生态环境保护发生历史性、转折性、全局性变化，提出一系列新理念、新思想、新战略，形成了习近平生态文明思想。习近平总书记强调指出："我们既要绿水青山，也要金山银山。宁要绿水青山，不要金山银山，而且绿水青山就是金山银山。""广大人民群众热切期盼加快提高生态环境质量。我们要积极回应人民群众所想、所盼、所急，大力推进生态文明建设，提供更多优质生态产品，不断满足人民群众日益增长的优美生态环境需要。"

近年来，重庆市畜牧业持续稳定发展，规模化养殖水平显著提高，保障了肉类、禽蛋等主要畜产品市场供给，但大量养殖废弃物没有得到有效处理和利用，成为农村环境治理的一大难题。因此，国务院把畜禽养殖废弃物资源化利用工作，作为保障畜产品有效供给和改善农村居民生产生活环境的重大民生工程。为此，重庆市认真贯彻落实《国务院办公厅关于加快推进畜禽养殖废弃物资源化利用的意见》（国办发〔2017〕48号），出台了《重庆市人民政府办公厅关于印发重庆市畜禽养殖废弃物资源化利用工作方案的通知》（渝府办发〔2017〕175号），要求各区县坚持源头减量、过程控制、末端利用的治理路径，全面推进畜禽养殖废弃物资源化利用，加快构建种养循环的可持续发展新格局，推动畜牧业绿色生态、健康安全发展。

二、产业发展与增收保供背景

党的十九大作出了实施乡村振兴战略的重大战略部署，"产业兴旺、生态宜居、乡风文明、治理有效、生活富裕"是乡村振兴的总要求。2018年3月8日，习近平总书记在全国人大山东代表团参加审议时发表重要讲话，明确提出乡村产业振兴、乡村人才振兴、乡村文化振兴、乡村生态振兴、乡村组织振兴的科学论断。7月5日，习近平总书记对实施乡村振兴战略作出重要指示，强调要坚持乡村全面振兴，抓重点、补短板、强弱项，实现乡村产业振兴、人才振兴、文化振兴、生态振兴、组织振兴，推动农业全面升级、农村全面进步、农民全面发展。产业振兴是"五个振兴"的基础，"仓廪实而知礼节"，当人们还在为基本生活需求发愁时，大谈文化和生态也只会应者寥寥。产业振兴重在夯实乡村振兴的经济基础，要构建乡村产业体系，把产业发展落到促进农民增收上来，推动乡村生活富裕。

确保到2020年实现高质量稳定脱贫，如期打赢脱贫攻坚战，是重庆市委市政府审时度势作出的重大战略部署。《中共重庆市委重庆市人民政府关于深化脱贫攻坚的意见》（渝委发〔2017〕27号）明确提出，培育壮大扶贫产业，发展草食牲畜、家禽等10大扶贫产业。

　　畜牧业是重庆市农业农村经济的支柱产业，是农民现金收入的主体。因此，统筹推进畜牧业发展和畜禽粪污治理，是贯彻新发展理念，建设美丽中国的必然要求。要坚持科学的发展定位，根据土地承载能力合理布局，大力推进畜牧业转型升级，在生态优先的前提下，合理利用资源发展高效生态畜牧业。

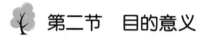 第二节　目的意义

一、推进畜牧业绿色发展，促进生态文明建设

　　生态文明建设是在资源能源趋紧、环境污染严重、生态环境退化、社会空前关注的条件下提出的。生态文明建设已成为世界发展的潮流，成为党的执政纲领，是发展所需、形势所迫、民生所向。推进畜禽养殖废弃物资源化利用，事关农村居民生活环境改善、农村能源革命和生态循环发展。只有在畜牧业发展观上进行一场深刻革命，走生态优先、绿色发展之路，形成绿色的生产方式和产业结构，才能真正实现畜牧业可持续发展。

二、推进畜牧业科学发展，促进现代农业建设

　　现代畜牧业是重庆市现代农业的重要内容，正确把握生态环境保护和经济发展的关系，探索协同推进生态优先和绿色发展新路子，是新时

代现代农业建设的必经之路。要全面推进畜禽养殖废弃资源化利用，加快构建种养结合、农牧循环的可持续发展新格局。抓畜禽粪污资源化利用，重点是要解决发展方式的问题，而不是简单的禁养限养、减产减量。只有坚持生产生态统筹兼顾，组织制定产业发展规划，合理确定发展目标，积极引导产业优化布局、提升效率、转变方式，打造供给充分保障、生产过程绿色的新型产业格局，才能实现生产发展与生态保护的协调。

三、推进畜牧产业与粪污治理协同发展，促进畜牧产业兴旺

实施乡村振兴战略，畜牧业发展决不能再走只要产量不要环境的老路子。只有统筹资源环境承载能力、畜产品供给保障能力和养殖废弃物资源化利用能力，协同推进生产发展和环境保护，奖惩并举，疏堵结合，才能加快畜牧业转型升级和绿色发展，保障畜产品供给稳定。

四、推进畜牧产业与新型经营主体同步发展，促进形成畜牧业新业态

新型农业经营主体是发展现代农业的主力军和突击队，是实施乡村振兴战略的重要力量。党的十九大指出：发展多种形式适度规模经营，培育新型农业经营主体，建设现代农业。新型农业经营主体培育，以推进适度规模经营、实现小农户与现代农业发展有机衔接为目标，既要增强新型经营主体的经济实力、发展活力，又要增强其带动能力，推动家庭经营与集体经营、合作经营、企业经营共同发展。以农业产业化龙头企业、农民合作社、家庭农场、中小养殖场户为体现的养殖类新型农业经营主体，是支撑重庆市畜牧业发展的重要基础。推进畜禽养殖废弃物资源化利用，构建种养循环发展机制，鼓励新型农业经营主体走种养结合、生态发展路子，才能实现畜牧产业与新型农业经营主体同步发展。

第二章　畜禽养殖废弃物资源化利用现状

 ## 第一节　重庆市畜禽养殖废弃物资源禀赋情况

一、畜禽养殖情况

据畜牧生产统计，2017 年，全市生猪出栏 2 230.4 万头，年末存栏 1 525.7 万头，同比分别下降 3.86%、4.79%；肉牛出栏 77.9 万头，年末存栏 151.1 头，同比分别下降 7.34%、7.02%；山羊出栏 546.0 万只，年末存栏 445.5 万只，同比分别下降 6.93%、7.52%；家禽出栏 30 323.0 万羽，年末存栏 15 576.3 万羽，同比分别下降 8.97%、7.08%。各区县主要畜禽生产情况详见表 2 - 2 - 1。

表 2 - 2 - 1　2017 年各区县主要畜禽生产情况统计表

单位：头、只、羽

区县	肉牛		生猪		山羊		家禽	
	存栏	出栏	存栏	出栏	存栏	出栏	存栏	出栏
万州	42 058	26 114	486 620	816 427	66 296	55 026	3 578 280	5 593 215

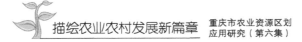

（续表）

区县	肉牛		生猪		山羊		家禽	
	存栏	出栏	存栏	出栏	存栏	出栏	存栏	出栏
涪陵	16 537	8 403	452 946	782 628	70 371	69 825	6 409 488	8 063 462
大渡口	0	0	463	976	310	286	46 996	23 546
江北	10	4	3 020	4 880	502	795	44 650	106 980
沙坪坝	0	0	1 847	3 885	0	32	41 159	84 539
九龙坡	0	0	8 349	15 867	1 538	2 413	135 443	267 254
南岸	12	11	5 050	7 880	290	310	69 380	67 370
北碚	162	109	25 944	42 489	9 965	11 765	542 446	933 525
綦江	7 692	9 145	432 628	698 422	83 124	85 681	3 479 678	5 349 244
大足	2 365	713	411 513	564 918	255 730	266 193	5 170 241	8 749 350
渝北	982	451	129 921	237 948	12 736	17 268	2 753 112	7 024 523
巴南	189	85	228 996	430 462	18 746	14 822	1 938 524	4 561 325
黔江	54 075	30 183	540 116	755 116	26 598	21 856	1 332 140	1 298 187
长寿	5 209	4 370	407 159	644 561	8 194	8 882	8 940 658	11 346 586
江津	6 211	5 080	605 262	937 561	60 556	53 923	8 846 332	12 896 328
合川	12 478	11 421	934 387	1 158 697	40 753	50 859	7 738 918	11 812 687
永川	560	241	506 800	838 183	23 199	31 400	7 681 563	23 150 140
南川	14 926	6 897	548 974	708 589	33 519	36 567	5 967 005	12 953 533
潼南	8 278	3 206	570 860	992 875	33 495	51 765	4 572 600	10 673 270
铜梁	2 719	2 198	445 038	687 923	31 925	47 159	10 292 177	26 605 215
荣昌	5 693	7 657	677 549	844 896	20 648	39 847	6 414 641	9 474 646
璧山	302	504	183 124	300 093	13 711	19 311	10 313 453	28 542 933
梁平	23 030	24 000	580 235	700 658	41 298	68 000	2 148 689	10 223 149
城口	21 137	9 534	191 278	242 843	68 127	67 584	4 133 092	6 103 355
丰都	187 184	111 044	387 542	472 119	110 254	120 083	4 984 629	6 166 313
垫江	9 529	3 517	493 567	828 556	35 387	38 029	4 671 065	6 459 319
武隆	100 998	47 777	453 568	563 754	336 571	312 568	1 802 535	2 090 765
忠县	79 601	27 188	441 901	701 295	75 352	80 615	4 473 314	5 500 006
开州	36 599	18 114	859 471	1 246 629	460 601	804 296	3 921 300	9 265 600
云阳	161 730	109 850	861 050	991 000	455 100	689 500	6 255 710	15 920 930
奉节	79 056	41 184	698 718	943 617	295 667	440 902	3 688 155	7 030 420
巫山	63 486	29 036	410 915	638 561	449 591	615 851	3 137 605	5 616 759
巫溪	68 814	35 895	465 438	693 472	535 495	453 397	7 233 913	13 502 223
石柱	125 862	51 715	267 111	402 993	79 483	61 399	2 996 434	4 573 456
秀山	94 985	33 021	376 514	545 291	134 879	112 562	4 319 362	10 319 374
酉阳	175 616	63 491	784 263	1 213 771	453 247	613 953	3 865 248	7 512 845

（续表）

区县	肉牛		生猪		山羊		家禽	
	存栏	出栏	存栏	出栏	存栏	出栏	存栏	出栏
彭水	101 843	56 889	355 584	565 124	103 748	89 035	1 360 208	2 500 399
万盛	637	420	23 525	78 799	7 794	8 571	463 260	867 421

二、畜禽粪便产生情况

据调研与统计分析，2017 年全市畜禽粪便产生总量为 6 779.94 万吨。详见表 2-2-2（各区县畜禽粪便产量）。

表 2-2-2　各区县畜禽粪便产生情况表　　　　　单位：万吨

序号	区县	规模养殖场畜禽粪污产生量	规模以下养殖场户畜禽粪污产生量	序号	区县	规模养殖场畜禽粪污产生量	规模以下养殖场户畜禽粪污产生量
1	万州	182 393.11	1 462 220.28	20	铜梁	235 231.39	80 779.68
2	涪陵	176 667.72	1 304 167.19	21	潼南	767 158.99	1 236 532.2
3	大渡口		3 655.8	22	荣昌	245 917.65	158 439.08
4	江北		7 050.99	23	开州	327 404.34	2 291 626.46
5	沙坪坝		12 896.76	24	万盛	22 747.69	110 489.28
6	九龙坡	12 630.23	103 709.38	25	梁平	267 043.84	340 392.48
7	南岸		25 703.69	26	城口	23 500.97	1 411 283.7
8	北碚	20 435.45	77 127.95	27	丰都	356 008.1	230 501.49
9	綦江	114 440.51	1 548 158.12	28	垫江	286 123.77	145 888.1
10	大足	183 601.03	2 059 289.04	29	武隆	214 531.89	2 613 138.27
11	渝北	55 214.33	453 151.33	30	忠县	148 693.79	1 065 736.87
12	巴南	294 104.45	3 880 850.38	31	云阳	1 157 995.01	9 258 330.39
13	黔江	158 525.56	1 424 656.08	32	奉节	118 681.56	2 936 226.1
14	长寿	400 799.91	1 009 355.14	33	巫山	92 743	3 344 179.95
15	江津	473 645.27	1 582 131.87	34	巫溪	90 998.06	7 543 366.75
16	合川	758 778.36	1 595 316.95	35	石柱	117 858.18	1 313 726.97
17	永川	157 851.67	1 074 585.43	36	秀山	45 959.87	6 797.75
18	南川	322 937.78	2 397 375.8	37	酉阳	47 855.73	4 904 158.45
19	璧山	136 930.82	546 366.09	38	彭水	69 720.74	154 898.9

第二节　重庆市畜禽养殖废弃物资源化利用状况

一、畜禽粪污综合利用水平

据初步分析，2017 年，全市粪污总量 6 779.94 万吨。从畜禽粪污处理情况来看，全市通过异味发酵床零排放、沼气工程、水泡粪、堆积发酵等方式处理粪污，粪污处理量 6 779.3 万吨以上，占粪污总量的99.99％，即全市畜禽粪污处理率达到 99.99％。没有被处理的 6 000 吨左右的畜禽粪污，基本上分布在大山深处、建在森林之中的养殖场，成为森林植被的自然肥源，但若不加以重视，有可能成为潜在污染源。

从畜禽粪污利用情况来看，全市通过有机肥利用、直接还田、达标排放等方式对畜禽粪污实行资源化利用，据初步统计分析，2017 年，全市畜禽粪污利用量 4 916.67 万吨，占粪污总量的 72.52％，即全市畜禽粪污资源化利用率为 72.52％，但各区县畜禽粪污综合利用水平不一致，其中九龙坡、江北、万盛、沙坪坝达到 100％。而没有被利用的 1 863.27万吨粪污，其中包括放牧直排的 222.63 万吨，占 15.6％；粪便处理利用中自然消耗的 46.6 万吨，占 2.5％；处理中转环节暂存的 1 594.04 万吨，占 85.6％。

二、畜禽规模养殖场户粪污处理设施配套情况

据调研与统计，2017 年全市规模养殖场总数为 5 440 个（注：规模养殖指全市猪、奶牛、肉牛、羊、蛋鸡、肉鸡等 6 个畜种中在农业农村部直连直报系统备案，且其设计规模符合重庆市规模养殖场规模，并为舍饲养殖场），合格畜禽规模养殖场总数为 4 194 个，全市规模养殖场粪

污处理设施装备配套率为77.08%。详见表2-2-3（各区县粪污处理设施配套情况）。

表2-2-3 各区县粪污处理设施配套情况

序号	区县	配套任务数	完成配套数	配套率（%）	序号	区县	配套任务数	完成配套数	配套率（%）
1	万州	171	130	76.02	20	铜梁	249	190	76.31
2	涪陵	156	117	75	21	潼南	432	339	78.47
3	大渡口			0	22	荣昌	134	108	80.6
4	江北			0	23	开州	453	392	86.53
5	沙坪坝			0	24	万盛	20	16	80
6	九龙坡	7	7	100	25	梁平	275	196	71.27
7	南岸			0	26	城口	17	13	76.47
8	北碚	8	8	100	27	丰都	167	126	75.45
9	綦江	109	97	88.99	28	垫江	237	184	77.64
10	大足	194	172	88.66	29	武隆	94	75	79.79
11	渝北	34	26	76.47	30	忠县	135	104	77.04
12	巴南	8	8	100	31	云阳	646	443	68.58
13	黔江	102	78	76.47	32	奉节	114	92	80.7
14	长寿	247	199	80.57	33	巫山	101	77	76.24
15	江津	126	95	75.4	34	巫溪	57	39	68.42
16	合川	491	403	82.08	35	石柱	119	92	77.31
17	永川	103	80	77.67	36	秀山	30	11	36.67
18	南川	115	74	64.35	37	酉阳	76	51	67.11
19	璧山	168	133	79.17	38	彭水	46	19	41.3

三、畜禽粪污处理技术模式

目前，全市推广的有效畜禽粪污处理技术模式主要包括集中处理模式（梁平丰疆、丰都丰泽园），异位发酵床模式（南川鸿鸿农业、荣昌日泉），固体粪便堆肥利用模式（酉阳南方和长寿标杆），污水肥料化利用模式（南川青—银升）。

（1）集中处理模式。梁平县丰疆生物科技有限公司采用粪污集中处理的模式，将附近肉牛养殖场、养鸡场、生猪养殖场的粪污集中收集到公司，在和锯末、稻壳、米糠等辅料混合后，添加发酵专用菌剂进行堆肥发酵，通过堆肥工程技术生产高质量有机肥。年生产能力 20 万吨，年销售产值人民币近 1 亿元。重庆丰泽园肥业有限公司是一家专业从事微生物菌剂，农业废弃物无害化处理和资源化利用，有机肥、有机—无机复混肥、有机种植等研究开发、生产销售的高新技术企业，公司总投资 1.5 亿元，项目占地 70.03 亩，年处理畜禽粪便等农业废弃物 5 万吨，年产有机肥、有机—无机复混肥 10 万吨，提供就业岗位 110 个，实现年销售收入 1.5 亿元，于 2016 年 7 月竣工投产。目前，该项目已被国家科技部认定为"集约化养殖有机废弃物快速连续发酵生产有机肥技术转化与应用"示范项目。

（2）异位发酵床模式。南川鸿鸿农业开发有限公司采用异位发酵床模式。该技术根据微生态理论和生物发酵理论，制成有机垫料，并使垫料和猪粪尿充分混合，通过微生物的降解发酵，使猪粪尿中的有机物质得到充分的分解和转化，最终达到降解、消化猪粪尿，除异味和无害化的目的。整个养殖过程无废水排放，发酵床垫料淘汰后可作为有机肥出售，实现猪场零排放。该场目前常年在栏数量 1 200 头，年出栏量 0.4 万头，采用干清粪日粪污量约 10 吨，通过采用异位发酵床模式，实现了畜禽粪污的无害化和资源化，该场受到南川区环保局、南川区分管副区长的高度肯定。荣昌日泉农牧有限公司采用高位隔离式发酵床模式。该模式通过漏缝地板使猪不接触到粪便，卫生清洁度高，不用带猪冲洗，可节约 80% 用水量，提高饲料转化率 0.04。发酵时发酵床最高温度可以达到 60℃以上，平时也有 40℃以上，冬季发酵床产生的热量可适度保暖。此模式省水、省人工，生产的有机肥可带来效益，废弃物处理成本比投资运行污水厂低。猪排泄物 100% 用于堆肥发酵生产有机肥，对比常规养殖可节约 80%～90% 的用水，节约 5%～10% 的饲料。与传统模式比较，节省土地可达 35%，生产的有机肥每吨可卖 700 元，增加了收入。

（3）固体粪便堆肥利用模式。重庆市长寿区标杆养鸡股份合作社采用固体粪便堆肥利用。鸡粪通过自动刮粪板和运输车，传送进入罐体中，罐内有高温气体送入，鸡粪与罐中肥料充分搅拌混合后通过高压送风系统向罐内不断送氧，在好氧发酵菌的作用下，有机物不断分解，产生大量高温，促进物流中鸡粪水分蒸发成气体通过设备的排风设备进入到气体净化塔，达标后排放到大气中。同时在高温状态下杀灭病原体、寄生虫以及杂草种子，达到无害化、减量化、资源化处理目的。采用该模式满负荷生产预计每年可以处理畜禽粪便 3 万吨，实现养殖基地环境污染零排放，该项目的建设投产能够为企业取得巨大的社会效益和经济效益。

（4）污水肥料化利用模式。重庆南方菁华农牧有限公司泔溪种猪场位于酉阳县泔溪镇太平村四组，设计规模存栏基础母猪 3 000 头，年上市二元种猪 12 000 头，猪苗 48 000 头。猪场规划建设合理，严格按照国家环保要求对养殖粪污进行处理，公司共投入约 1 300 万元用于环保设施建设。猪场采取"干清粪"工艺，人工清粪集中发酵生产有机肥，建设有年产 3 000 吨有机肥料厂一座。建设有 2 000 立方米沼气工程，年生产沼渣肥 1 460 吨、沼液肥约 13 140 吨；年产沼气 41 万立方米，年发电量 73.8 万千瓦时，发电供养殖场使用，污水和尿液经过沼气工程处理后，建设了 12 千米沼液灌溉管网，与渝东南现代农业园区合作，形成"猪—沼—菜""猪—沼—果"的循环农业新模式。重庆青一银升生态农业有限公司是一家集养殖、种植、旅游、休闲、观光为一体的现代化农业综合开发企业，下辖种猪养殖场黄金梨基地。青一银升祖代种猪场是农业农村部"生猪标准化示范场"和重庆市级农业产业化龙头企业，猪场常年存栏 2 200 头左右，场内主要采取"猪—沼—菜（果、花）"的种养结合粪污处理和综合利用模式，应用干清粪的方式清理粪污，并对场内产生的粪便、尿液和污水采取雨污分流、固液分离，雨水由专门的排水系统直接外排，干粪用于生产有机肥，供本场内果树、菜地施肥用，剩余的收集打包外卖给周边农户；粪水则进入 200 立方米的沼气池进行一次厌氧发酵处理，然后进入 800 立方米的沼气化粪池进行二次厌氧发酵处理，沼液经过沼液总贮池后，用水泵抽到园区内的沼液分贮池，再通过 3 000 米的管道输送，为周边 1 500 亩蔬菜基地、果园、玫瑰园等经济作物提供施肥和灌溉。

四、有机肥生产经营情况

据调研统计，目前全市有机肥生产厂家约 20 余家，其中在全国畜禽规模养殖信息服务云平台上备案登记的有机肥生产厂家有 17 家，17 家有机肥厂设计年处理液体粪污量 120 530 吨，设计年处理固体粪污量 784 306 吨。详见表 2-2-4（已备案登记的有机肥生产厂家情况）。

表 2-2-4　重庆市已登记有机肥厂情况

序号	区县	养殖场户名称	占地面积（亩）	主要生产经营范围	设计年处理液体粪污量（吨）	设计年处理固体粪污量（吨）
1	北碚	胜天牧野	30	生猪养殖，销售	30	6
2	黔江	重庆市黔江区益博环保科技有限公司	41	病死畜禽无害化处理	500	1 800
3	长寿	重庆市长寿区云古有机复混肥料有限公司	14	利用畜禽粪便生产有机肥料	0	10 000
4	长寿	重庆市长寿区标杆养鸡股份合作社	200	生产、销售：有机肥、生物有机肥、有机无机复合肥	0	20 000
5	长寿	重庆拓阳科技有限公司	52	生产、销售：有机肥、有机无机复混肥、化肥	0	50 000

（续表）

序号	区县	养殖场户名称	占地面积（亩）	主要生产经营范围	设计年处理液体粪污量（吨）	设计年处理固体粪污量（吨）
6	长寿	重庆市诚冠有机肥有限公司	10	生产、销售：有机肥	0	16 000
7	长寿	重庆市浙蔬农业科技发展有限公司	18	生产、销售：有机肥	0	30 000
8	长寿	重庆市长水禽业发展有限责任公司	9	生产、销售：有机肥	0	5 500
9	荣昌	重庆市远达生物肥业有限公司	33	有机肥、复混肥料	20 000	20 000
10	荣昌	重庆市荣牧有机肥有限公司	30	有机肥、有机无机复混肥、生物有机肥、化肥、粪污处理技术推广服务；农作物种植、销售、花卉苗木	0	20 000
11	万盛	重庆欧欣农业科技有限公司	14	生产、批发、销售有机肥，有机无机复合肥、生态菌等		30 000
12	梁平	重庆梁平燎原家禽养殖有限公司	250			18 000
13	梁平	重庆市梁平区丰疆生物科技有限公司	140	有机肥、有机无机复混肥、复混肥	100 000	300 000
14	丰都	丰都县乾坤农业开发专业合作社	10	组织成员农业开发、组织成员养殖蛋鸡；生物有机肥生产、销售等		5 000
15	丰都	重庆沃特威生物生物有机肥开发有限公司	22			100 000
16	丰都	重庆旺满生物科技有限公司	40			50 000
17	丰都	丰都精恒生物科技有限公司				8 000
18	丰都	重庆丰泽园肥业有限公司	70			50 000

（续表）

序号	区县	养殖场户名称	占地面积（亩）	主要生产经营范围	设计年处理液体粪污量（吨）	设计年处理固体粪污量（吨）
19	丰都	重庆多哥沃能生物科技有限公司	6			10 000
20	垫江	重庆鑫伟旭生态农业发展有限公司	12	畜禽粪便有机物无害化处理	0	20 000
21	忠县	重庆圣沛农业科技有限公司	14	生产经营有机、无机肥料	0	20 000

五、畜禽粪污承载力分析

根据农业部办公厅关于印发《畜禽粪污土地承载力测算技术指南》，经调研与测算，2017 年全市畜禽粪污的承载力约为 4 000 万生猪当量（其中计算公式中需要的不同土壤氮养分情况下施肥共计占比、粪肥利用率、粪肥占比三个参数分别按 45％、27.5％、50％取值，计算用的农作物种植产量数据来源于 2017 年重庆统计年鉴），目前全市的畜禽饲养总量经过测算约为 2 000 万生猪当量，约占全市承载力的 50％，除部分区县局部地区由于养殖布局等原因，存在畜禽养殖污染的风险外，全市畜禽养殖粪污总体上呈现安全可控的状态，全市的畜禽养殖量在安全的承载力范围以内。

第三章　当前面临的主要问题和困惑

虽然全市上下大力开展畜禽养殖废弃物资源化利用取得显著成效，但仍存在一些值得重视和关切的问题及困惑，归纳起来为"四重四轻"。

第一节　重整治轻发展

畜禽粪污整治与畜牧产业不能协同发展，导致一些地方出现扩大禁养区的情况，而忽视了畜牧业的功能。

由于自媒体时代舆论宣传环境和部分媒体不科学甚至错误的舆论导向，形成了只重视粪污整治而轻视畜牧产业发展的对养殖业极为不利的局面。目前的舆论氛围，一味强调甚至夸大渲染畜禽粪便的污染，而忽略甚至损毁畜禽粪便作为有机肥资源的重要意义。一些区县提出"全域禁养"，一些乡镇提出打造"无猪乡""无猪镇"，一些基层干部公开宣称"本地不欢迎养殖业项目"，农业农村部要求的环保与发展并重、粪污治理与产业发展协同的要求，根本难以落实。调研发现，新建养殖场选地难、粪污处理设施建设用地难、环保许可证办证难，让养殖业主和有意投资养殖业的企业苦不堪言。江津区朱洋镇重庆麦藤农业发展有限公司，建有1个万头养猪场，配套建成2 000亩红心猕猴桃基地、800亩茶叶基

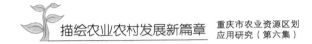

地、500 亩蔬菜基地，按照"猪—沼—果（茶、菜）"循环农业模式，走种养结合路子，对当地经济、社会、生态发展都带来良好效益，但由于其处于石笋山风景区缓冲区内，被划为禁养区。璧山区一区领导，对非禁养区他指定的区域划成人为"禁养区"，明确提出：养殖场一律"扫荡化"关闭。江津区某镇，甚至以动员农民拒绝使用由养殖场付费的沼液，来达到挤压养殖场发展、逼迫养殖场搬迁的目的。梁平区曲水镇周成肉牛养殖场，地处大山深处，周边为森林、果树，年出栏 70～100 头肉牛，纯收入 15 万～20 万，该场将牛粪干稀分离后，干粪发酵成有机肥供周边果园使用，粪水用作自家果园用肥，基本无粪污排放，但对于这类因其他原因未能在建厂时备案的养殖场，环保部门一直拒绝办理环保备案证。据不完全统计，全市养殖场中，非企业主观原因没有办理环保备案证的企业约占 45%。渝北区环评执行率为 76%，石柱县环评执行率为77.2%。一些区县将禁养区范围擅自扩大，如将Ⅰ类、Ⅱ类水源地禁养区范围从 200 米扩大到 500 米。

🌳 第二节　重关停轻治理

不切实际的关停使畜牧业的增收保供功能的发挥受到严重冲击。对于畜牧业在促进农民增收保障产品供给、支撑农业生态循环系统的重要作用，部分地方领导和干部缺乏科学认识，片面认为畜牧业就是污染产业，抱着"养殖越少越好，没有养殖最好"的错误思想，指导现代农业发展，而且还想当然地试图建设没有畜牧业的所谓"生态循环农业"。南川区某镇，正在规范建设以蔬菜、果树、中药材种植为主的现代农业产业园，明确提出不配套养殖项目。一些地方在处理畜禽粪污治理问题上搞"一刀切",重关停轻治理,盲目扩大禁养区范围,强制关闭拆迁符合环保要求的养殖场,甚至出现了非禁养区内具备治理条件的养殖场被强拆的现象,对畜产品保供和农民增收造成了很大影响。

 ## 第三节 重督察轻投入

支持与投入不足使有机肥生产的扶持政策被边缘化而呈现"零投入"状况。在对待畜牧业生产上,重工作督察轻政策投入,基本上没有出台相应的有机肥生产扶持政策,在粪污资源化利用有机肥生产的扶持政策上甚至呈现出"零投入"的现象。在粪污治理上,各地扶持政策不一,加上地方财力有限,补贴不足,或者干脆不补贴,造成有机肥生产与推广应用困难。丰都县丰泽园有机肥厂,当地政府按照化工企业对待,不仅享受不了有机肥生产扶持政策,而且受到环保部门的严密监控。一些基层党政干部力保"官帽"和位置,谈"养"色变,有的抱着"多一事不如少一事"的处世哲学,认为在畜禽养殖方面,发展得越多,责任越大。遇有矛盾和困难绕道走,能拖则拖,能推则推,能躲则躲。在全市重拳治理畜禽养殖污染的情况下,各地或多或少存在着"五化现象":即决策简单化、工作片面化、划禁扩大化、关停武断化、矛盾被激化。盲目的"一刀切"不能解决问题,只会激化矛盾,重督察轻投入的现状对畜禽养殖废弃物的资源化利用有百害而无一利,前景堪忧。69猪场在巴南区一品镇的猪场搬迁已达10多年之久,补偿至今没有落实。

第四节　重建设轻运行

　　财政项目只负责基础设施建设而忽略了后期运行的规划。近年来，各级财政投入了大量资金，建设畜禽粪污资源化利用项目，如大中型沼气工程等，但大多存在着"重建设、轻管理，重建设、轻运行"的情况。在基础设施建设完成后，财政投资就会撤出项目，项目后期运行及养护就由养殖业主自行负担。畜禽粪污基础设施建设固然重要，然而后期运行及养护成本较高，导致很多项目出现"建得起、用不起"的现象，最终导致基础设施的废弃、闲置，造成财政资金浪费。例如养殖场沼气工程，一方面，基本上是项目资金只管建设，不管运行；另一方面，项目申报审批时，若不采用成都沼科所设计的地上式方案，项目难以通过审批，但养殖场又不愿意接受地上式方案。重庆南方菁华农牧有限公司酉阳猪场，地上式沼气设施由于处理效果不好几近摆设。鸡粪罐式发酵处理效果好，但是电费高，处理成本太高，导致推广困难。如重庆万源禽业、重庆潼牧禽业公司鸡粪罐式发酵处理鸡粪，每吨用电 400 千瓦时以上，按农用电计，每吨电费成本 200 元以上。

第四章　有关建议

针对调研发现的问题，从政策、技术和管理等 3 个层面提出 13 个建议。

第一节　政策层面

一、清理养殖场环保备案证

建议由市纪委牵头，市农委、市环保局参与，组成专门工作组，对全市现有养殖场环保备案证进行清理。一是本着实事求是的原则，为符合条件的养殖场完善环保备案相关手续；二是对不符合条件的养殖场开展统一整顿，直至关停。

二、探索养殖场"三证合一"

为简化工作程序，提高管理效率，减轻养殖企业的负担，建议在养殖行业开展"三证合一"试点，即：由畜牧主管部门牵头，联合环保部门，把养殖场的养殖备案证、动物防疫合格证、环保备案证"三证合一"，统一为"重庆市畜禽养殖证"。养殖企业办理"重庆市畜禽养殖证"，由相关职能部门按照各自审批程序，在审批表上签字盖章后，由畜牧主管部门发证。

三、出台有机肥生产和施用补助政策

鼓励和支持有机肥生产等废弃物综合利用相关配套设施建设，将有机肥生产设施设备纳入农机补贴的范围内，如异位发酵床，同时加大有机肥生产农机购买补贴比例。积极加快出台有机肥生产中涉及的能源、用电、运输等优惠政策，通过理顺天然气价格、公路运价、电价等，特别给予有机肥生产企业用气、运价、电价优惠。对从事利用畜禽养殖废弃物进行有机肥产品生产经营等畜禽养殖废弃物综合利用活动的，享受国家规定的相关税收优惠政策。对利用畜禽养殖废弃物生产有机肥产品的，享受国家关于化肥运力安排等支持政策。开展畜禽粪污等废弃物综合利用试点，研究设立财政补贴专项，对购买使用有机肥产品的，在享受不低于国家关于化肥的使用补贴等优惠政策外，额外对有机肥施用进行补贴，鼓励和引导农民使用有机肥。

凡是经工商部门登记的有机肥生产企业，按照其以畜禽粪便为原料生产有机肥的数量，每吨补助 50～100 元，其中：自然发酵有机肥每吨补助 50 元，酵素菌生物有机肥每吨补助 100 元。补助经费由市、区县财政按照 4∶6 的比例承担。龙头企业、农民合作社、家庭农场、种植大户等有机肥施用主体，每使用 1 吨有机肥补助 50 元。所用有机肥必须来自享受有机肥生产补助政策的生产企业，以购买发票为准。补助经费由市、区县财政按照 4∶6 的比例承担。可增加有机肥厂收集粪污的里程补助，比如借鉴国外经验，补贴有机肥生产企业收集粪污里程，30 千米内每千米补贴 1 元等，但是要收取饲料企业税费而补贴有机肥生产。由各区县农业主管部门、财政部门共同负责有机肥生产

补助政策的实施。农业主管部门负责审核有机肥生产企业生产情况，财政部门负责资金落实。

四、把异位发酵床作为政策支持重点

目前，重庆市粪污处理技术模式主要有"水泡粪生产有机肥""沼气工程生产固态液态有机肥""异位发酵床零排放生产有机肥""粪便垫料回用生产有机肥""固体粪便堆肥发酵生产有机肥＋污水达标排放""固体粪便堆肥发酵生产有机肥＋污水生产液态有机肥"等6种模式，但真正能实现"零排放"的只有异位发酵床，特别是在临近河流的养殖场、附近没有种植基地的养殖场，尤其适用异位发酵床处理模式。因此，建议把异位发酵床模式作为政策支持重点，补助标准按照基础设施建设总投资的60％～80％补助。

五、提高沼气工程补助标准

把小型沼气工程作为支持重点。小型沼气工程是解决当前畜牧业专业化生产对环境污染问题的有效途径。对于小规模养殖场建设的小型沼气工程，建议按建造总池容的容积设定补助，每立方米池容补助1 000～1 500元。提高大中型及其以上沼气工程项目的国家投入标准。大中型、特大型沼气综合利用工程是目前解决养殖生产污水问题的一个较好的途径。据调查，一个1 000立方米池容的大型沼气工程，年可处理养殖粪水3万吨，年产有机肥2万吨、沼气25万立方米、发电30万度。建议由国家补助性投入调整为全额投资。

六、粪污处理设备纳入农机购置补贴

建议农业机械管理部门将符合要求的畜禽粪污处理设备纳入农机购

置补贴范围，放宽补贴门槛。由各区县农业主管部门、财政部门共同负责有机肥生产补助政策的实施。农业主管部门负责审核有机肥生产企业生产情况，财政部门负责资金落实。

七、出台粪污处理用地用电扶持政策

大中型沼气建设项目在推动规模化养殖场实现种养结合、循环发展中起到了举足轻重的作用，企业反映良好。但是在使用过程中，却出现了有钱修、用不起的现象。例如，地上式沼气池用电量比较大，电费成本高，部分地区地上式沼气池用电不能享受农业用电价格，企业成本压力大。建议把大中型沼气池用电纳入农村用电支持范畴，并将用电成本抵扣 2018 年开始征收的环保税，鼓励企业业主乐于使用大中型沼气池，避免出现行情不好时暂停使用、想用时机器又无法启动的情形。由各区县畜牧主管部门、财政部门共同负责有机肥生产补助政策的实施。畜牧主管部门负责审核养殖企业粪污处理情况，财政部门负责资金落实。

第二节　技术层面

一、推广适宜的粪污资源化利用设施

目前，全市养殖场规模不一、种养结合程度千差万别，因此，养殖场采用哪种粪污处理模式，必须因地制宜。建议各区县根据实际情况，分门别类指导养殖场，量身定做处理模式。财政资金要用在刀刃上，通过先建后补的方式，在确认有处理效果的前提下，补助其粪污处理基础

设施建设。

将沼气储存罐由地上式改为地下式。目前，多地推广的沼气池模式基本上采用由农业农村部沼气科学研究所设计的地上式沼气储存罐，虽然维护方便，但在南方地区不适用，建议改为地下式。

二、制定养殖场粪污治理标准

建议由重庆市畜牧技术推广总站牵头，联合市内科研院所、协会、中介机构等，结合畜禽养殖废弃物治理的相关环节，制定《重庆市水泡粪生产有机肥操作规程》《重庆市异位发酵床生物有机肥生产操作规程》《重庆市养殖场粪污资源化利用验收标准》等相关标准。制定的行业标准，按照有关规定，由重庆市畜牧业协会按程序发布。

三、支持养殖企业自主创新

建议重点支持粪污资源化设施、生物制剂研发企业开展先进设施、先进工艺创新性研发，科委将企业研发粪污治理设施设备、工艺纳入重点支持范畴。

第三节　管理层面

一、科学审视禁养区划定

禁养区划定要依法依规，科学划定，不能擅自扩大范围。建议在划定畜禽养殖禁养区、限养区时，采取"原则性＋灵活性"的策略来确定，切忌"一刀切"，不实事求是。凡是已经把禁养区扩大化的区县，要以适

当方式妥善处理。将畜牧业用地纳入当地乡镇土地利用总体规划，科学布局并落实到对应地块。按照总量稳定、内部调节的原则，盘活养殖用地指标存量，调出一部分土地用于非禁养区发展畜禽养殖。建议禁养区、限养区的划定应从宽，如风景名胜区的缓冲区、森林公园非核心区、经济欠发达地区部分水域消落区等，只要发展的畜禽养殖不造成新的污染，这部分区域不一定划为禁养区、限养区。要统一组织对各地划定的禁养区进行一次全面审核，督促部分地方政府对前期禁养区划定不当之处进行纠正，以保障畜牧业正常发展空间，保持农业生态平衡，促进农业可持续发展。

二、加快畜禽粪污资源化利用整县推进

以实施财政部、农业农村部畜禽粪污资源化利用项目，国家发改委、农业农村部畜禽粪污资源化利用整县推进项目为契机，优先支持畜牧大县整县推进畜禽粪污资源化利用工作。整合和优化支持畜禽粪污资源化利用的现有资金渠道，集中用于畜禽粪污资源化利用工作，变"污"为宝，各区县要积极争取国家相关政策，市级设立专项资金，区县配套支持，加快畜禽粪污资源化利用整县推进。力争到2020年，畜禽粪污资源化利用整县推进全覆盖，畜禽粪污综合利用率达到90%以上。

三、建设粪污资源化利用信息平台

利用"重庆畜牧云"平台中的粪污模块，建设重庆市粪污资源化利用信息平台。通过畜禽养殖场（户）"一场一档"清查录入，以重庆畜牧云平台畜禽粪污资源化利用基础信息系统为支撑，为畜牧业管理机构、

基层畜牧兽医人员构建指标规范的统一信息采集入口，全面实现畜禽养殖生产单元的基础信息数据采集和实时监测，实现为重庆市畜禽养殖废弃物资源化利用提供可靠、完整的实时数据，更好地服务畜牧业发展和促进畜禽粪污资源化利用发展。

第五章　研究结论

　　一是由于有失偏颇的舆论导向，畜禽养殖污染夸大化现象十分严重，对畜牧业健康发展十分不利，需要正面宣传和引导。重庆市的粪污治理技术、工艺、设施设备均全国领先，呈现出"异位发酵床零排放"等众多亮点，近年来，各级各部门高度重视并不断加强畜禽粪污资源化利用工作，取得了显著成效。虽然还有部分地方、个别养殖企业存在治理不彻底的情况，但由于社会舆论的"妖魔化"渲染，畜禽养殖污染无节制夸大，形成了重整治轻发展、对养殖业极为不利的局面。这就需要社会各界正面宣传和引导，以营造有利于畜牧业可持续发展的氛围。

　　二是粪污处理模式要因地制宜，适合的才是最好的。基于畜禽粪污是放错地方的有机肥资源的视角，研究认为，重庆市粪污资源化利用的路径基本上是种养结合、循环农业，利用方式以肥料化利用为主、能源化利用为辅，粪污处理技术模式主要有"水泡粪生产有机肥""沼气工程生产固态液态有机肥""异位发酵床零排放生产有机肥""粪便垫料回用生产有机肥""固体粪便堆肥发酵生产有机肥＋污水达标排放""固体粪便堆肥发酵生产有机肥＋污水生产液态有机肥"等6种模式，有机肥利用方式主要有"养殖户＋种植户""养殖场＋肥料厂＋种植户""养殖场＋肥料厂＋农业企业""养殖场＋肥料厂＋专业合作社"等4种方式。以上处理模式和利用方式，适用于不同类型、不同规模养殖场，不能一概而论。但从处理程度看，"异位发酵床零排放生产有机肥"是最彻底的处理模式，若养殖场周边无消纳地，这种模式为优选。

三是畜禽养殖粪污资源化利用是一个系统工程和民心工程，需要各级各部门、社会各界和养殖业主共同关爱并协同推进，才能实现畜牧业的经济效益、社会效益和生态效益"三丰收"。由于环保督察压力，一些地方违背农业农村部关于统筹推进畜牧产业发展和粪污资源化利用的要求，严重挤压养殖业的生存空间，严重危及畜产品保供给和助农增收。由于环保部门单方面把养殖总量夸大，进而粪污量"被放大"，全市畜禽粪污综合利用水平失真，从"良好"被人为退步为"次等"。由于环保部门工作方法简单粗暴，以至于谈"养"色变，各级各部门在畜牧产业发展上懒政现象有所抬头，限制、阻止发展畜牧业成为各级行政官员卸责的首选，养殖业发展面临决策层面的重锤打压。以上现象需要从管理、考核和督查等政策层面加以合理化改善。

四是面对环保高压态势，养殖企业必须洁身自好。总体来说，重庆市大多数养殖企业的环保意识还是很强的，但也有个别企业或养殖场不注重环保，成为影响全行业的"老鼠屎"。对此，要通过各种渠道，加大宣传力度，营造畜牧业绿色发展环境。畜牧业行政主管部门要通过项目安排、监督检查等手段，引导养殖企业把产业发展与粪污资源化利用"两手抓"。畜牧技术推广部门要重点推广规范化养殖场建设和标准化养殖技术，从源头减量、过程控制、末端利用三个环节，指导养殖企业采用新工艺、新设备和新技术。畜牧业协会要把行业自律作为一项重要工作来抓，不断完善自律管理制度。

第三篇
构建城乡融合发展机制体制专题调研报告[①]——以重庆市渝北区为例

---

① 研究专家：杨海林、袁昌定、高敏、何道领、车嘉陵、冯丽娟；结题时间：2017年5月。

按照重庆市委、市政府"兴调研转作风促落实行动"的统一安排，在渝北区进行蹲点调研，先后深入木耳镇、兴隆镇、茨竹镇、大盛镇、古路镇、石船镇、统景镇、大湾镇、玉峰山镇等 9 个乡镇实地调查，走访了村 25 个、村集体经济组织 3 个、农业企业 12 家、合作社 5 家、农户 32 户、农业产业基地（示范点、农庄）20 个，召开座谈会、现场会、院坝会 5 场。结合点上"解剖麻雀"和面上情况分析，形成以下调研报告。

第一章　城乡融合发展现状"五变"

渝北是主城北大门和两江新区开发主战场，也是重庆市唯一的"水陆空立体"交通汇集地和重要交通枢纽，都市城市经济发达。全区1452平方千米中，建成区面积170平方千米，辖11个镇19个街道，农村有近1000平方千米，占2/3；155万常住人口中，农村人口38.23万人，占近1/3；耕地面积60余万亩，森林面积86.3万亩。农村面积大、农业人口多、城乡发展不平衡、农村发展不充分依然是渝北的基本区情，"大都市带动大农村"现状比较典型。

近年来，渝北区全面贯彻党的十八大、十九大精神，以习近平新时代中国特色社会主义思想为指导，紧扣城乡二元结构突出的特殊区情、农情，扎实推进农业农村高质量发展，加快建设宜居宜业宜旅大美乡村，在实施乡村振兴战略、促进城乡融合发展上迈出了坚实有力的步伐。

第一节　农业变得更强

党的十八大以来，渝北区依托区位、交通、资源、产业和市场优势，大力发展临空现代农业，新建特色高效农业基地63万余亩，新培育白芨、百合、灵芝、石斛等亩产过万元、亩利润5000元以上的特色高效

农业品种 55 个。累计培育区级以上农业产业化龙头企业 85 家、农民合作社 280 家、家庭农场 202 个。在全市率先启动实施农产品绿色行动，累计认证"三品一标"农产品 213 个，培育市级名牌农产品 26 个，"渝北歪嘴李""渝北梨橙"获国家地理标志认证，品牌价值 10.8 亿元。建成杨梅、柑橘、百合、冻干果蔬药材等农产品加工生产线 68 条。建成全市首个集现代农业物联网病情、灾情、墒情、决策、成果展示和农业综合服务等功能为一体的智慧农业综合服务云平台，顺利接入 8 个特色产业基地和 18 家企业，亩均节约成本 2 000 元、增收 3 000 元，被农业农村部评为全国农业农村信息化示范基地。新建庄稼医院 11 个、农合会 11 个。2017 年，全区乡村旅游接待旅游 310 万人次，增长 7.1%，实现综合收入 10.7 亿元，增长 16.5%，带动餐饮、农家乐、农副产品等收入 4 亿元，带动创业就业 3 万人。

第二节　乡村变得更美

过去，渝北农村地区"雨天一身泥，鞋子粘掉底"，人们形象地调侃："城市像欧洲，农村像非洲"。现在，渝北乡村旧貌换新颜，人居环境和村容村貌焕然一新。全区出台农村环境综合整治"1＋7＋11"方案，农村环境连片整治镇 11 个、建制村 127 个、面积 790.12 平方千米，受益人口 31.87 万人。

天更蓝：基本无煤场镇、无煤社区实现全覆盖，划定高污染燃料禁燃区 220.17 平方千米，关闭砖瓦窑企业 19 家，实施砖瓦窑企业废气深度治理 5 家。

水更碧：完成湖库水质污染深度调查 12 座，建立了湖库污染台账，编制"一湖一策"方案 12 个。后河跳石断面水质达Ⅲ类，栋梁河金家河院子、桥溪河锅底断面水质达到Ⅴ类，御临河御临镇断面水质达到Ⅱ类。水系绿化 700 亩、水域绿化 6 000 亩。

地更绿：完成农村公路绿化 430 千米，宅基地绿化 30 000 户，建成污水处理系统 85 套，分散污水处理设施 11 548 套，花台式人工湿地设施 56 套，铺设污水管网 18.92 万米，关闭养殖场 102 家，完成 2.4 万头生猪当量污染治理，秸秆综合利用率达到 100%。

山更青：完成长江绿化造林任务及地质灾害治理 8 处，完成水土流失治理 13.33 平方千米，林相改造 6 000 亩，国有林场森林质量精准提升工程 10 000 亩，森林公园植被恢复 20 万平方米，栽植植被 20 万株，林草覆盖率大于 65%。

路更畅：农村公路建设稳步推进，2016 年完成农村骨架路改造 93 千米，公路硬化 210 千米，新建村社硬化便道 146 千米，惠及 11 个镇 56 个村，受益农民 3.4 万人。

房更净：新建成农民聚居区 48 个，改造农村危旧房 5 708 户，规范房前屋后柴草堆 28 184 处、禽舍 21 203 户，拆除乱搭乱建 201 处，改造农村无害化卫生厕所 315 户，推广使用农村清洁能源农户 4 万户，镇街生活垃圾收运系统覆盖率 100%，公路通达村生活垃圾有效治理率 100%，农村生活垃圾无害化处置率 80%以上。

景更靓：一批生态优美、休闲风情，让人赏心悦目、流连忘返的特色小镇逐步形成，如，大盛打造樱花小镇，建设 10 千米樱花大道、500 亩樱花基地，栽植樱花 5.5 万株。古路打造云栖小镇、兴隆打造乡愁小镇，建设水杉大道 30 千米，栽植 10 厘米水杉 1.2 万株。每到春季，印盒、放牛坪等地的李花、梨花漫山遍野，花团锦簇，已经成为一张响亮

的名片。"春有百花秋有果，农家处处喜相迎，游客摩肩接踵至，欲把乡愁诉美景"是如今渝北乡村生产生活的现实写照。

🌳 第三节　群众变得更富

　　党的十八大以来，一方面，渝北城乡居民收入大幅提高，钱袋变鼓了。2017 年，全区实现农业总产值 43.34 亿元，第一产业增加值 27.66 亿元，城乡居民人均可支配收入为 36 414 元、16 513 元，分别增长 8.5%、9.5%，城乡居民收入比缩小至 2.2：1。具体来看，全年城镇居民人均可支配收入中：人均工资性收入 24 081 元，增长 4.2%；人均经营净收入 2 289 元，增长 15.7%；人均财产净收入 3 219 元，增长 19.2%；人均转移净收入 6 825 元，增长 18.7%。城镇常住居民人均消费支出 24 629 元，占总支出的 69.4%。城镇居民恩格尔系数为 31.1%，较上年降低 0.9 个百分点。农民人均可支配收入中：人均工资性收入、人均经营净收入分别为 7 003 元、3 719 元（表 3 - 1 - 1、图 3 - 1 - 1），分别占人均可支配收入的 42.4%、22.5%。农村居民人均生活消费支出 12 715 元，其中用于居住、生活用品及服务、交通通信、教育文化娱乐和医疗保健消费支出分别占总消费支出的 17.5%、5.4%、13.6%、6.3% 和 12.6%。农村居民恩格尔系数为 37.3%，较上年降低 1 个百分点。全区 1 367 户、3 893 人农村建卡贫困户全部如期脱贫摘帽。为农村低收入农户共计 6 081 人购买"精准脱贫保" 6 081 份，农村低收入农户年人均可支配收入增加 1 000 元以上。另一方面，农民精神面貌发生很大变化，脑袋变富了。成功创建全国文明村镇 3 个、市级文明村镇 31 个，60% 以上农户参与星级文明户创建，建成综合文化站 11 个、农家书

屋 181 个、特色文化驿站 10 个、特色文化广场 10 个，实现了农村居民半小时文化圈，全区连续四届荣获全国文明城区殊荣，思想上更有"正能量"，行动上更有"新风尚"。

表 3-1-1　渝北区农民人均可支配收入情况统计表
（2010—2017 年）

年份	农业总产值		第一产业增加值		人均可支配收入		人均工资性收入		
	总量（亿元）	增降幅（±%）	总量（万元）	增降幅（±%）	总量（元）	增降幅（±%）	总量（万元）	增降幅（±%）	比重（%）
2010	27.15	8.33	16.42	10.45	6 772	16.70	3 299	24.02	48.72
2011	32.94	21.33	19.31	17.62	8 319	22.84	4 270	29.43	51.33
2012	35.50	7.78	21.24	9.95	9 375	12.69	5 125	20.02	54.67
2013	37.84	6.59	22.89	7.78	10 575	12.80	6 225	21.46	58.87
2014	38.51	1.77	23.65	3.32	12 458	17.81	5 487	−11.86	44.04
2015	41.27	7.15	25.06	5.99	13 766	10.50	6 010	9.53	43.66
2016	45.24	9.60	28.43	2.20	15 074	9.50	6 619	10.10	43.9
2017	43.34	−4.2	27.66	−2.8	16 513	9.5	7 003	10.5	43

年份	人均经营净收入			人均财产净收入			人均转移净收入		
	总量（元）	增降幅（±%）	比重（%）	总量（元）	增降幅（±%）	比重（%）	总量（元）	增降幅（±%）	比重（%）
2010	2 791	9.24	41.21	193	8.43	2.85	489	19.27	7.22
2011	3 119	11.75	37.49	237	22.80	2.85	693	41.72	8.33
2012	3 170	1.64	33.81	291	22.78	3.10	789	13.85	8.42
2013	3 199	0.91	30.25	514	76.63	4.86	637	−19.26	6.02
2014	2 927	−8.50	23.49	1 151	123.93	9.24	2 893	354.16	23.22
2015	3 245	10.86	23.57	1 308	13.64	9.50	3 203	10.72	23.27
2016	3 245	10.86	23.57	1 308	13.64	9.50	3 203	10.72	13.27
2017	3 719	14.6	23.61	1 312	13.64	9.50	3 206	10.72	13.27

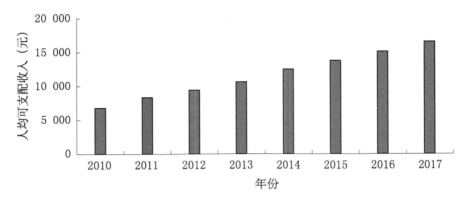

图 3-1-1　渝北区农民人均可支配收入增长情况

 ## 第四节　人民生活变得更好

　　截至 2017 年年底，渝北区城镇地区人口由 2015 年初的 564 670 人增长到 2017 年末的 669 480 人，户籍城镇化率由 58.57％增加到 65.43％（由图 3-1-2 中总人口与农业人口之差可以计算出城镇人口）。与此同时，社会保障水平加快提升，教育、医疗、养老、社会福利等政策不断完善。

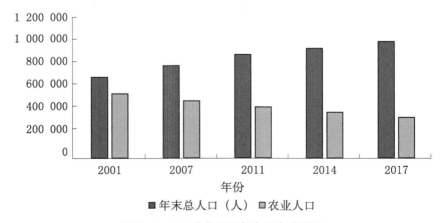

图 3-1-2　渝北区历年人口变动情况

一、教育

大力统筹城乡义务教育均衡发展，着力实现城乡教育一体化，全面完成农村完小及以上学校"校校通""班班通"工程，整合御临小学、同仁小学等20所小规模农村学校，近三年累计资助各类贫困学生共计10万人次、资助金额1.56亿元。农村学校主要分布在全区11个农业镇，有农村小学56所，农村小学适龄儿童入学率、合格率、毕业率、升学率、巩固率均达100%；农村初中适龄学生入学率100%、巩固率99.99%、升入普通高中率96.1%，升入高中阶段学校毛入学率100%；农村高中毛升学率92.3%（表3-1-2）。农村义务教育顺利通过"全国义务教育基本均衡发展合格区"检查验收。

表3-1-2 渝北区2013—2017年农村教育基本情况统计表

年份	农村学校在校学生人数（人）				农村教育财政投入情况（单位：万元）			
	合计	学前教育	义务教育	高中教育	合计	学前教育	义务教育	高中教育
2013	31 837	4 471	24 408	2 958	55 178.8	663.9	51 554.8	2 960.1
2014	30 327	4 168	23 178	2 981	40 934.1	367.1	35 781.8	4 785.2
2015	27 187	3 825	20 214	3 148	50 136.5	816.9	42 612	6 707.6
2016	25 700	3 685	18 909	3 106	55 190	691.9	49 422.7	5 075.4
2017	24 014	3 298	17 764	2 952	53 199.1	665.9	46 410.7	6 122.5

二、医疗

全区各级各类医疗机构704家，其中三级甲等专科医院2家（市口腔医院、市妇幼保健院），二级医院4家，镇中心卫生院11家，社区卫生服务中心7家，民营医院59家。坚持做好家庭医生签约服务、基本公共卫生服务、孕妇产前出生缺陷筛查及"两癌"免费检查，建成村卫生室178个，基本实现全区村卫生室标准化全覆盖。2016年，农村低收入人群实施重特大疾病求助、临时求助、医疗救助贫困人口2 038人次，

救助金额 330 万元。农村居民参加城乡居民合作医疗保险 429 638 人。基本建成城区居民步行 15 分钟、农村居民步行 30 分钟的医疗服务圈。

三、养老

积极支持和引导社会力量参与养老服务，给予新建、扩建的养老机构新增床位一次性建设补贴，2017 年，共有各类养老机构 125 个，共计养老床位 6 100 余张，其中农村有养老床位 1 775 张。全区每千名老人可用养老床位数 32 张，超过市级千名老人拥有床位数 30 张标准。2016 年，投入 1 300 余万元对 9 个镇街的 14 个敬老院进行了改扩建，安装了安全监控系统和应急呼叫系统，全方位保障特困人员的入住安全；2017 年，渝北区出台了《重庆市渝北区居家养老服务实施方案》，拟建设 15 个社区养老服务站、2 个社区养老服务中心；预计到 2020 年，全区还将新建 6 个区域性标准化敬老院。目前，农村居民参加居民养老保险 237 980 人，享受居民养老待遇 67 117 人。

四、就业

全力推进大众创业、万众创新，近年来累计培育各类农村实用人才 3 万余人，发展充分就业村 186 个。2017 年，全区"智慧就业"智能自助服务终端覆盖全区 11 个街道、32 个村（社区）以及区人力资源市场、区行政服务大厅等人员密集场所。举办现场招聘会 135 场，为 10.77 万人次提供岗位 10.42 万个，引导 4.11 万人达成就业意向。"素质就业"坚持推行"四个一点"（政策补贴一点、镇街补助一点、机构减免一点、个人出资一点）和"先缴后补、直补个人"的技能培训补贴政策，组织 2920 名农民工参加各类培训。"灵活就业"率先在全市突破五年商业贷款限制条件，将创业担保贷款额度放宽到个体 30 万元、企业 300 万元，拓宽了农民工创业融资渠道，为 144 名返乡创业农民工发放创业担保贷款 2 123 万元。区内 8 家市级创业孵化基地吸引 40 名农民工投资创业，带动 536 名农民工就业。"稳定就业"建成区、镇（街）、村（居）三级农民工综合服务中心 71 个。为 864 名农民工追发工资待遇 824 万元，督促 58 户用人单位为 104 名劳动者补缴社会保险费 204.7 万元，督促 36 户用人单位完善社保登记。受理农民工劳动争议案 1 570 件，结案率 97%，帮助农民工主张经济权益 1 750 万余元。

五、社会救助和福利

渝北区将城乡低保、临时救助、医疗救助、住房救助、特困人员供养、受灾人员救助全面纳入核查范围，落实"凡救必查"，加大主动救助力度，逐步提高低保补助标准，将城市低保标准提高到 500 元/（人·月），农村低保标准提高到 350 元/（人·月）。全额资助农村困难群众参保，适时提高低保等对象报销比例。将原农村五保户、原城市三无人员统筹为特困人员，做到城乡供养标准统一。为全区四类困难群众购买"民政惠民济困保"商业保险，创新设立"扶贫济困医疗救助基金"。2017 年，全区倒塌、损坏房屋补助共计 15.4 万元，冬春救助 310 人，救助金 4.86 万元。大病患者 36 名，救助基金 85 万元。2018 年以来，全区共有城市低保 3156 人，已累积发放城市低保金 619.35 万元，共有农村低保 10 929 人，已累积发放农村低保金 1 418.03 万元，累积发放特困供养金 997.23 万元，累积发放照料护理补贴 16.56 万元；2017 年第一季度共救助困难群众 80 659 人次，救助金额 1 545.34 万元（含集中资助参保人员），临时救助困难群众 740 户，临时救助金 578.02 万元。

第五节　要素流通变得更畅

城乡要素流通服务体系建设取得重要成效。合理布局农产品销售网点，新建和改造乡镇农贸市场 13 个，截至 2017 年年底，全区共计有城区菜市场 26 个，乡镇农贸市场 38 个，大型连锁超市 45 家，充分保障全区对农产品的需要。构建农产品冷链物流体系，建设农产品冷链配送中心 3 个、农产品原料加工基地和产地配送中心项目 3 个，建设粮食储备库项目 10 万吨。建成投用 2 600 平方米渝北区农村电商产业园，集体验中心、展销中心、孵化中心、服务中心、仓储中心，集体验展销、电商孵化、培训服务、仓储物流、企业办公等功能于一体，有力促进农村电商聚集发展。建成投用 100 个农村电商镇村综合服务站点。依托已建好的"万村千乡"便民店和供销社基层网点，在 11 个镇配套改造、新建 100 个农村电商镇村综合服务站点。农业供销经营涵盖农资、农产品、再生资源回收、农村电商等服务领域，2017 年，实现经营收入 543.65 余万元。举办"渝北水果节""蔬菜采摘季""农超对接"等各类农副产品促销活动，并大力推动线上线下融合发展，建立镇级连锁示范超市、村级便民店 128 个，建成行政村农村电商镇村综合服务站点 176 个，2017 年，农村电商交易额实现 3.5 亿元。

第二章　城乡融合发展做法"五好"

第一节　有好的规划引领

好规划是"作战图"。渝北区坚持按照"多规合一"的总体要求，统筹谋划城乡发展各类用地需求，完成全区及镇街土地利用总体规划中期调整完善方案，建立村规划编制部门联评联审机制，对各类农村用地进行科学安排，合理布局农民聚居点、乡村旅游及休闲农业项目等用地，在不突破用地规模前提下，最大限度预留弹性空间，确保用地政策落实到位，同时提出村土地利用和村规划建设的管控要求，为有序引导村域土地合理利用和建设提供了保障。在全市率先开展村规划编制试点，2016 年，已完成 168 个村的村域现状分析及规划指导编制工作，2017 年，在 6 个乡镇 9 个村先行开展"一村一规"编制试点，并完成 31 个村的村规划编制，其中有 3 个村被纳入国家及市级重点项目示范村。2018 年，将启动 37 个村规划编制并陆续完成所有村规划报审工作。

第二节　有好的发展理念

渝北区在促进城乡融合发展思路上，坚持突出产业兴旺，引入产业链、价值链等现代产业发展理念，着力打造临空现代农业示范区，构建产城融合发展格局。按照"至臻渝北·重庆首站"的全域旅游发展战略定位，树立"乡村公园"概念，围绕"三环十景"推动农旅深度融合，实现乡村旅游全域全季全方位游。充分利用航空带来的巨大客流量，坚持"产业特色化、产出高效化"，做大石斛、灵芝、布朗李等特色高效农产品规模，利用航天育种、组培育苗等科技手段，形成集育种、育苗、栽培为一体的产业链。引进和培育农产品精深加工龙头企业，鼓励企业开展 QS 质量体系和原产地认证，建设临空农产品集散、交易中心，构建"从田间到机舱"的航空食品全产业链。以"三环十景"周边为重点，加快名优特鲜高效农业新品种引进、选育、示范和推广，谋划新发展优势主导产业 5 万亩以上，新建成绿色生态农产品生产基地 50 个以上，创建特色名优农业品牌 20 个以上，建设高端特色农产品精深加工基地 10 个以上，培育智慧农业物联网应用新主体达到 50 家以上。

三环十景

"三环"即：龙王洞山环线，打造以农业观光、农事体验为主题的最美乡村景观线；御临湖环线，打造以果蔬采摘、民俗体验、养生避暑为主题的最佳养生度假线；明月山环线，打造以民俗体验、美食休闲为主题的最美文化演绎线。

"十景"即：

1. 斗碗寨景区：位于木耳镇，重点将斗碗寨打造成为集农业观光、高端民宿、文化体验、特色餐饮于一体的都市休闲古寨文化体验园。

2. 巴渝乡愁景区：位于兴隆镇，打造一个辐射面积约 1 万亩的集观光、采摘、体验于一体的多产业融合发展的都市乡村农耕文化体验园。

3. 放牛坪梨园景区：位于茨竹镇，重点打造野兽花园农庄、放牛坪万亩梨园，辐射周边南天门森林公园、大面坡蓝莓庄园、十里荷花走廊等，打造美丽乡村养生避暑胜地。

4. 仙桃李景区：位于古路镇，重点打造草坪万亩红枫、周家山·云上摄影基地，逐步建成集采摘、观光、娱乐为一体的都市近郊水果摄影公园。

5. 花漾渔村景区：位于大湾镇，着力打造集休闲垂钓、水果采摘、观光体验于一体的特色休闲垂钓体验园。

6. 统景"泉橙花"景区：位于统景镇，打造集生态农业、休闲旅游和宗教人文为一体的"泉橙花"乡村生态旅游风景区。

7. 天险洞樱花林景区：位于大盛镇，重点打造统大路水果公园、白岩梁子樱花公园、东河野钓休闲区、灵芝小镇等，建成春可赏花、夏可避暑、秋可采果、冬可赏雪的高山生态养生避暑胜地。

8. 玉峰山森林公园景区：位于玉峰山镇，以"醉美风情葡萄谷"、铜锣山矿山公园、花岛湖公园为核心，打造都市近郊森林氧吧。

9. 明月山花果长廊：位于龙兴、石船镇，重点打造四季有花有果的 20 千米御临"花果山"。

10. 张关水溶洞景区：位于洛碛镇，打造高山蔬菜公园和溶洞文化体验园。

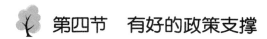

第三节　有好的补短举措

农村基础设施短板加快补齐。

土地：完成城市周边永久基本农田举证划定 3.06 万亩，建成改造中低产田 20 万亩，建成高标准农田 4.2 万亩，完成土地整治项目 6 480 亩，办理设施农用地 375 亩、附属设施用地 90 亩，实施农村建设用地复垦项目 27 个。

交通："十纵十横"骨架道路体系基本完成，村社硬化便道 450 千米，新建小康路 300 千米，全面完成 1 200 千米公路安保工程和 1 000 千米通道绿化工程，镇、村通客车率和通组公路率达 100%。

水利：整治山坪塘 2 938 口，建成各类水利工程 6 390 处，完成水土流失治理 13.33 平方千米。

信息化：城乡"数字鸿沟"显著缩小，全区 193 个行政村实现光网全覆盖。

清洁能源：乡镇燃气用户达 28 926 户，普及率达 98%。

生态建设：成功创建市级生态镇 9 个、生态村 57 个，美丽宜居市级示范村庄 2 个。

第四节　有好的政策支撑

一、财政

为提高财政资金使用效益，2018 年，对约 30 个农业专项进行统筹整

合成三个大的专项资金，"三环十景"十基地建设 1 亿元，农业产业发展 5 200 万元，农村改革 3 350 万元。2017 年，整合资金 15 亿元投入农村人居环境改善。2015—2017 年区财政预算水利设施维护补助资金 16 50 万元，2018 年预算补助资金 1 350 万元和饮水工程应急抢修预备费 300 万元。农村绿化财政投资 1.8 亿元，其中宅基地绿化每户补助 1 000 元。拨付复垦户价款 5 269 万元。政法平安建设专项经费累计超过 9.5 亿元。

二、改革

深化水利事业改革，完成小型水利工程管理体制改革任务 70% 以上。深入推进农业供销改革，重建基层供销社 11 个。在全市率先实施农业财政投入资金股权化改革试点，累计投入财政资金 7 000 余万元，惠及业主 50 家，受益农户 5 935 户，参与试点农民亩均分红收益 550 元，人均财产性增收 685 元。如，在古路镇乌牛村开展壮大村级集体经济组织试点，乌牛村农户全部以地入股筹建乌牛农民股份合作社，发展仙桃李 2 500 亩，实现产值约 400 万元，入股农民亩均分红达 5 000 元。

三、金融

出台《渝北区农业扶持贷款风险及担保管理暂行办法》《渝北区农村居民生产扶持贷款风险损失补偿金使用管理办法》和《渝北区"三权"抵押融资实施方案》等政策文件，银行机构在农村设立营业网点 29 个，实现镇街及场镇 100% 覆盖，设立 2 000 万元农业贷款风险金用于涉农不良贷款风险补偿，截至 2017 年年底，"三农"贷款余额 48.49 亿元，涉农担保累计 7.75 亿元，发放"三权"抵押贷款和农村居民生产扶持贷款累计 3.45 亿元，对 412 家果农集中授信 1 017 万元。对银行按每放 1 亿元贷款给予 3 万元奖励，2016 年渝北辖区内累计发放涉农贷款额 31.94

亿元，奖励金额 95.82 亿元。

四、保险

印发《渝北区城乡居民小额人身意外保险工作方案》，区财政按每年每人 15 元补助、镇街按 10 元补助、民政救助对象 30 元全额补助，2017年，参保 13.4 万人，保费 679 万元，理赔 2 429 人，赔付 535.5 万元。制定《关于开展巨灾保险工作的意见》，财政拨款 445 万元为渝北区 121万人次的常住人口、14.39 万农户全额购买巨灾保险，目前已赔付农房损毁案件 6 件、金额 3.47 万元。

 ## 第五节　有好的组织领导

一、基层党建

推进"两学一做"学习教育制度化常态化，加强党的十九大报告精神、习近平总书记系列重要讲话精神和党的路线方针政策宣传教育。选好用好管好农村基层党组织带头人，回引 219 名本土人才到村任（挂）职，89 名优秀本土人才当选村党组织书记、副书记。持续整顿软弱涣散基层党组，选派机关年轻干部、后备干部、国有企事业单位优秀人员在村担任"第一书记"，帮助支持农村发展，确保党建工作有专人抓、有专人负责。积极发挥农村基层党组织领导核心作用，开展机关干部驻村联户、结对帮扶、党员志愿服务等。

二、自治

抓好"四议两公开"、村务联席会、村务公开、党务公开、村规民约等民主监督，全面规范和大力推进村居"四民主"，保障居民对村事务的知情权、参与权、决策权和监督权。例如，龙兴镇村社的"六议"制度、"兴隆五张网"等。

三、法治

建立国家机关和各行各业各单位"谁执法谁普法""谁主管谁普法"的"双普"普法责任制。全区城乡划分网络 2 773 个，其中农村 2 024 个。深入推进智慧天网建设，全区视频监控镜头 31 808 个，其中农村地区 10 420 个，基本实现场镇和主要路段路口视频监控全覆盖。通过政府购买服务，引进社工机构在兴隆、木耳、茨竹等镇农村社区开展专业化服务。2017 年以来，共调解农村各类纠纷 5 863 件，调处成功率 97.91%，立案率同比下降 22.91%。

四、德治

建成 14 所乡村学校少年宫和 13 个标准化志愿服务站，实现镇级建设全覆盖。创作农村题材的文艺作品 30 余件，开展送流动文化服务进村、"我们的节日"传统节庆等各类文化活动 1 000 余场次，完成惠民电影放映累计 2 890 场次，全面提升了农村群众的思想觉悟和道德品行。

第三章　城乡融合发展问题破解"六盼"

第一节　盼农业农村优先发展加快落实

长期以来，农村投入少、标准低、欠账多，农村居民人均占有的公共资源存量仍远低于城镇居民，尽管近些年财政投入持续增长，但与城市相比仍存在巨大缺口，制约了渝北区农村社会事业和公共服务的发展，城乡公共服务差别很大，一些村庄乡村文化与社会功能严重退化，出现了空心化、空壳化现象。如，渝北区财政农业资金支出缓慢，截至2017年3月9日，三大农业专项仅实现支出57.6万元，占预算的0.3%；基层医疗机构近5年仅引进了1名副高级专技人才；农村小学副高级职称仅占0.4%，与全区平均水平相差8.1个百分点。党的十九大作出了坚持农业农村优先发展的重大战略决策，这是今后一个时期农业最需要、农村最现实、农民最盼望解决的问题。

第二节　盼城乡居民收入差距加快缩小

近年来，随着渝北区经济社会的持续快速发展，农民收入水平不断迈上新台阶，城乡收入差距逐年缩小，恩格尔系数连年下降。但还要清醒地看到，2017年，渝北区城市居民人均可支配收入是农村居民人均可支配收入的 2.2 倍。特别是城市居民人均工资性收入是农村居民的 3.4 倍，城镇常住居民人均消费支出是农村居民的 1.9 倍，城乡收入差距仍然较大。

第三节　盼互联互通基础设施加快完善

全区农村公路等级低、未成环，安全防护措施仍有不足，特别是现有农村公路路面狭窄，90％以上达不到 6.5 米宽标准，旅游大巴等大型车辆无法通行，乡村景区通达能力差，乡村旅游接待能力亟待提升；自来水普及未实现全覆盖，水质不高，季节性缺水明显，工程性缺水问题较为突出，"靠天吃饭"还没有根本性扭转；高山和边远区域电气通讯基础条件较差，通信建设仍然有空白，通信质量不高，用户数量较少、分散，运营管理难度大；农村危旧房数量较大，且坍塌损毁现象严重，C、D 级危旧房屋达 14 644 户，占总量的 6.5％。

第四节　盼留住中青年农民且技能加快提高

现在的 80 后、90 后新生代已成为务工主力，但其中相当部分青年农民工不愿从事体力型或低技能型劳动，对劳动报酬、工作环境、配套服务要求较高，存在"低不成高不就"现象。他们更不愿从事农业，"70 后不想种地，80 后不会种地，90 后不谈种地"这句流行语，真实反映了当前乡村人才匮乏现状。"技能低与希望高""招工难与就业难"现象在全区还带有一定的普遍性，就业结构性矛盾依然比较突出。同时，"敢闯敢试"创业创新农民工占比不高，2016 年，渝北区农民工自主创业 47 人，仅占农民工总数的 0.02%，敢"吃螃蟹"的农民工确实太少。例如，渝北区望梅农业有限公司系农业产业化市级龙头企业，经营效益较好，近三年，招聘大学生 5 人，月均工资 4 000～5 000 元，但由于农业行业工作艰苦、离城市较远、个人住房和婚恋、医保和养老保险缴纳等多种原因，目前仅剩下 1 人。

第五节　盼政策落地最后一公里加快打通

调研发现，农村用地难、农民培训少、农业融资贵、审批手续繁、办事程序多等问题不同程度的存在，政策卡在"最后一公里"。例如，融合发展用地"瓶颈"问题，尽管 2016 年市政府办公厅转发了《市农委等七部门关于用好农业农村发展用地政策促进农民增收的指导意见（试行）的通知》（渝府办发〔2016〕211 号），积极支持设施农业用地、休闲农业和乡村旅游用地、农业产业园区发展用地等。但由于市级未出台具体操作实施细则，目前乡村旅游发展必然需要的相应的经营管理和休闲接待等附属设施，仍按照农业设施用地进行审批，程序复杂而又无相关权证。特别是农村宅基地入市、经营性和公益性农村集体建设用地等政策，一定程度上制约了渝北区城乡融合发展。又如，卧龙居生态农业发展有限公司办理设施用地审批，需要 18 个责任人签字，6 个单位签章。

 ## 第六节　盼强化基层组织建设加快夯实

基层党组织是宣传党的主张、贯彻党的决定、领导基层治理、团结动员群众、推动改革发展的坚强战斗堡垒。当前，个别基层党组织没有把工作部署和实际情况给群众讲清楚、讲明白，群众不理解不明白甚至产生抵触，导致"干部忙着干、群众冷眼看"；密切联系群众不够，对一些困难和疑惑没有耐心细致的解答；缺乏对群众真实需求的洞察和情感关爱。个别村干部身上有"手中无财力、办事无实力、说话无气力"的不良现象和"专干不专业、专业不专干"等问题。村级集体经济发展虽然有了初步成效，但整体水平不高，全区 181 个村中，有经营性收入的村仅占 40 个，还有 141 个村没有经营性收入，"空壳村"比例高达 77.9%。有经营性收入的村中，100 万元以上的 6 个、50 万～100 万元的 2 个、10 万～50 万元的 16 个、10 万元以下的 16 个，整体推进不平衡，集体经济发展，村民共同富裕之路任重道远。

第四章　城乡融合发展机制体制建议"融合六策"

渝北区位于重庆主城，既有经济发达的城市，也有面积较大的农村区域，是重庆市城乡发展的一个缩影。透过渝北看全市，以小见大，以点带面，初步提出构建全市城乡融合发展机制体制的"融合六策"建议。

第一节　思想观念融合

深刻理解习近平总书记"三农"思想的科学内涵，深刻认识不平衡不充分的发展主要集中体现在城乡发展不平衡和乡村发展不充分上，牢牢把握新时代实施乡村振兴战略、农业农村优先发展的总体要求，树立城乡平等、融合发展的新时代观念。城市的发展和繁荣绝不能建立在乡村凋敝和衰败的基础上，乡村的振兴也离不开城市的带动和支持，及时摒弃受长期计划经济和城乡二元结构建设路径的惯性思维影响，坚决纠正"重城市、轻农村，厚工业、薄农业"的思想，在工作部署、政策制定、制度保障、基础设施、公共资源等方面，优先投向农业农村，每年50％以上的公共服务财政支出用于乡村，促使资源配置人均投入增量向农村倾斜，拓展延伸自来水、天然气、电力、通讯、互联网等基础设施网络，全面覆盖居民集中居住区，使城乡居民能够享受等值的生活水准和生活品质，逐步实现城乡居民生活质量的等值化。

第二节　政策设计融合

从根本上打破城乡相互割裂"两张皮"的传统制度障碍，重点在城乡融合发展的改革上取得突破性的全面进展，切实保障广大农民能够平等地享受经济社会发展权利。

户籍制度：为户口"瘦身""减肥"，革除附加在其上的教育、医疗、就业、赔偿、征地补偿等错综复杂的社会分配利益，使其回归证明公民身份、提供人口资料和方便社会治安管理的本职，实现户口登记就是一种行政确认，确认公民的合法性的本质。实行"零门槛"落户政策，有效承接市内外迁入人口，对在城镇有固定住所、有稳定工作的农村居民，实施土地承包经营权、宅基地使用权、集体收益分配权与户口变动脱钩的"三脱钩"政策，鼓励其进城落户，其配偶、子女、父母可随迁入户。征地拆迁安置人员必须落户在城镇地区。

土地制度：优化各乡镇（街道）行政区划，合理确定城镇及农村地区范围。支持城市居民与农村居民联建住宅，并给予使用权认定。集体经济组织可以建设或举办村级医疗、教育、文化、体育等公共设施及公益事业的名义办理用地审批手续，获批后可以租赁、入股、联营等方式与城市资本进行合作。乡村旅游或休闲农业项目选址在"土规"确定的允许建设区以外的，实行规划点状布局和用地点状征地（基本农田除外）。在符合"土规"和土地整治规划的前提下，充分尊重群众意愿，将现有零星分散的宅基地及附属设施进行复垦，复垦产生的建设用地指标在保障所在村规划的居民集中居住区用地需求后，作为集体建设用地开发使用。在保障林地、森林等资源环境不被破坏、符合林地保护利用规划的前提下，可按规定修建林业配套设施。生态观光农业等项目，在不占用基本农田的情况下，可使用附属设施和配套设施用地。同一区域内的各类设施用地指标，可统筹调配使用。

公共服务制度：按照"硬件＋软件＋师资"三位一体的思路，整合农村校点布局，积极优化农村教育资源，特别是农村学校教师配置的问题。通过购买服务的方式，探索在农村地区推广居家社区养老服务的方式，满足农村留守老人的居家养老需求。加大对农村居民养老保险集体补助投入，将村集体资金每年以集体补助的形式进入已缴费参保人员的个人账户。出台困难家庭资助政策，将农村困难家庭或无劳动能力的家庭成员纳入资助范围，每年给予一定比例的城乡居民养老保险参保补贴；对于未纳入民政、残联医疗保险资助范围但家庭特别困难的群众，由镇街安排专项资金对其参加城乡居民合作医疗保险予以资助，确保符合条件的农村居民全部参加社会保险。

财政制度：加大支持引导力度，设立城乡融合发展专项扶持资金，逐步构建和完善城乡融合发展重点项目库，实现"只要符合相关政策可享受政府全额补贴利息和担保费""社保补贴等就业扶持政策全覆盖到农民工群体"等扶持措施，并全面推动"根据资金编项目"向"根据项目安排资金"的转变，严格督促相关部门，提前做好项目申报、评审、备案等前期工作，加快执行进度，提高资金使用效率，努力实现财政资金放大效益，最大撬动社会资本投入城乡融合发展领域。

金融制度：支持规范发展农村资金互助组织，探索建立合作性、非营利性的村级农村金融服务组织，为银行发放农户贷款提供事前、事中和事后服务，探索集体经济组织附加条件买卖替代抵押担保。设立"三权"抵押贷款担保资金池，构建银行—政府—农民三方风险分担机制。鼓励金融机构开展适合新型农业经营主体的订单融资、应收账款融资、政策性贷款融资、乡村旅游门票质押等业务。提高广大农民对数字金融的认识和认同，加强金融知识和数字技术的推广和运用。加快建设完善农村征信体系建设。

第三节　统筹指导融合

坚持统筹推进，突出重点，分类施策。

一是农业产业要坚持结构不断调整优化。坚持走特色效益农业发展路子，在保障基本口粮安全的前提下，坚持市场导向，宜农则农、宜林则林、宜牧则牧、宜商则商、宜旅则旅，为消费者提供多元化的农产品，增强供给结构的适应性和灵活性。大力发展绿色、优质、适销农产品，引导开展特色杂粮进入餐桌行动。把农业生产与农产品加工流通结合起来，促进一二三产业融合发展，培育壮大创意农业、智慧农业、精致农业、光伏农业、会展农业等农村新产业、新业态，把农业的增值收益更多留在农村，留给农民。

二是农村改革要坚定不移地全面深化。有序推动资源变资产，鼓励有条件的村（居）、社成立经济（股份）合作社，负责行使村（居）、社集体资产的所有权和经营管理权，利用未承包到户的集体"四荒"地、果园、水面、林地等资源与社会资本合作、独立集中经营或入市流转交易，对农户撂荒的承包地组织代耕或代为流转；探索进城落户农村居民依法自愿有偿转让或退出承包经营权、宅基地使用权、集体收益分配权和林权的有效办法，转让或退出后由村集体经济组织发挥自治作用，集体研究予以确认；成立农村产权投资管理平台公司，负责农村资产的收储、流转或运营。有序推动资金变股金，财政支农资金试行"投改股"，将适合"投改股"的农业产业项目财政投入资金量化到农村集体经济组织及成员，壮大农村集体经济；鼓励整合利用集体积累资金、政府帮扶资金等，入股农业产业化龙头企业、村企联手共建等多种形式发展集体经济。有序推动农民变股东，积极引导农户以承包地经营权入股合作社，或将土地经营权依法委托集体经济组织统一经营；依托村（居）或社经济（股份）合作社，实现农民变职工，通过运营收益、财政补助，为合作社成员补贴或购买城镇养老及医疗保险。

三是乡村人才培育要深入推进成果转化。重点围绕新型职业农民培育、农民工职业技能提升，整合各渠道培训资源资金，建立政府主导、部门协作、统筹安排、产业带动的培训机制，努力发挥好田间学校、创业孵化基地、实训基地的教育培训功能。深入推进现代青年农场主、新型农业经营主体带头人轮训计划，探索培育农业职业经理人，培养适应城乡融合发展需要的新农民。鼓励高等院校、职业院校开设乡村规划建设、乡村住宅设计等相关专业和课程，培养一批专业人才，扶持一批乡村工匠。积极引导和鼓励城市工商资本、高校和科研院所、退伍士兵、普通中高等学校毕业生、大学生村官、返乡农民工、农村能人到农村创业创新，着力培育一批"企业家农民""专家农民""教授农民"和"大学生农民"。设立乡村人才补助专项基金，对立志从事农业、投身乡村振兴的中高等院校毕业生、专业技术人才以及通过新型职业农民认证的相关人员等，按一定条件和额度，给予住房、交通、"五险一金"等补贴。大胆借鉴城市住房保障方式，鼓励区县加强探索创新，开展建设乡村公租房、廉租房试点，并结合实际，大力引进乡村人才，优先提供公租房、廉租房使用权,并在此基础上,对符合相关条件、服务一定年限的,实行无限期使用、产权与政府共享、产权个人优惠购买,甚至产权奖励等综合配套政策,切实解决各类乡村人才的后顾之忧,激发活力和动力,促进乡村人才长期稳定地留在乡村、服务"三农"。

第四节　行政推力融合

一是加强科学规划。推广借鉴渝北区相关的成熟经验,把城乡融合发展纳入经济社会发展总体规划,科学编制村庄建设规划,促进城乡空间融合,实现城乡规划一体设计、一体管理、多规合一,切实解决规划上城乡脱节、重城市轻农村的问题,统筹安排好各类用地,促进生产、生态、生活空间协调。充分尊重城市与乡村两种不同自然属性,绝不能简单地用建设城市的办法改造农村、用城市的生活模式占领农村,加强对城乡的空间立体性、平面协调性、风貌整体性、文脉延续性等方面的规划和管控,保留城乡有别的自然景观、历史文化、建筑风貌特色,推动城乡空间自然衔接、交融一体。

二是加强示范引导。在具体条件的区县,优选确定一批重点镇街、试点村社,探索精深加工主导型、农旅融合型、服务租赁型、股权合资型、联合发展型等路径,探索不同自然地理条件、不同经济社会的区域,实现城乡融合发展的路子,及时总结经验,努力形成一批可复制、可推广、管长效、利长远的模式,形成相互学习、你追我赶的促进城乡融合发展工作格局。

三是加强简政放权。坚持"法无授权不可为、法定职责必须为",全面实施审批事项管理标准化,大幅压缩审批时限,规范审批服务行为。

大力推动三级服务体系标准化建设，持续推进"互联网＋政务服务"，推行减证便民、全程代办、同区通办、审批结果快递服务等便民举措，努力让群众少跑路，力争实现让群众"最多跑一次"。严格问责机制，强化绩效管理和效能监督，委托第三方机构进行满意度评价，畅通监督投诉渠道，实现监督考核常态化、制度化。

四是加强"两个"自觉。让党的十九大精神、习近平新时代中国特色社会思想、城乡融合发展决策等进村入户、入脑入心，大力调动广大干部特别是城乡居民的积极性、主动性，按照中央、重庆市委的要求，形成促进城乡融合发展的思想自觉，提高促进城乡融合发展的行动自觉，主动探索和总结形式多样、行之有效、务实管理用的措施、办法等，营造各方面、各阶层共同促进城乡融合发展的社会环境。

第五节　治理方式融合

学习借鉴城市居民社区化管理模式，大力开展"美丽乡村社区化建设试点"，以发展农村经济、改善人居环境、传承生态文化、培育文明新风为基本路径，采取政策支持和市场化运作相结合的方式，探索将城镇社区建设管理理念引入农村，建设农业产业结构、农民生产生活方式、农村资源环境和社会管理协调发展的美丽乡村，打造经济发展、管理有序、服务完善、文明和谐的新型农村社区。推动城乡社区结对共建，实现城乡社区组织联建、资源共享、人才互动和信息互通。针对村干部与城市社区干部相比，在一定程度上存在待遇低、条件苦、环境差等实际问题，下决心从机构编制、待遇保障上解决基层农村党务干部队伍弱化的问题，回应基层呼声，提高村社干部补贴标准，为在职村干部统一购

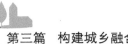

买城镇职工养老保险，提高离任村干部补贴，完善村社干部养老保险制度，拓宽村社干部进入机关事业单位的范围和途径，稳定基层党员干部队伍建设。优化提升基层党员结构，推动农村党员年轻化，注重从产业工人、青年农民、高知群体中和非公有制经济组织、社会组织中发展党员，坚持把政治标准放在首位，严把党员"入口"，积极稳妥处置不合格党员，畅通党员"出口"。牢牢抓住农村基层党支部书记这个"牛鼻子"，通过基层选拔、社会招聘、组织委派、城乡交流任职等方式，畅通来源渠道。深入推进线上线下"两个平台"建设，适应城乡融合发展需要，把壮大村级集体经济作为解决农村"空心化"、促进城乡融合发展的重要举措，推进基层党组织干部"做给农民看、带着农民干"，培育一支具有组织力的农村党建队伍。

第六节 考评机制融合

调研发现，目前在推进城乡融合发展方面，还没有全面形成广泛深入的舆论宣传氛围和工作考评考核机制。建议充分发挥广播、电视、报刊、网络等新闻媒体作用，加大城乡融合发展成效经验、成功做法、典型事例、先进个人的宣传力度，激发广大干部群众工作的责任感和使命感，增强荣誉感和获得感。建立促进城乡融合发展的评价体系和激励机制、绩效督查和通报制度，将相关资源和力量统筹整合到城乡融合发展决策部署上来，实行事项化、项目化推进，分解任务、定责定岗，倒排时间、不断加压，一个区县一个乡镇地抓、一件事项一件任务地抓，推动城乡融合发展的目标要求、重点工作和政策措施等落到实处，确保各级党委政府和有关部门各司其职、各尽其力，形成齐抓共管、真抓实干的良好局面。